鉄道技術との 60 年

―民鉄技術の活用と世界への貢献―

曽根 悟

成山堂書店

まえがき

　本書は「鉄道技術との60年」と題して鉄道ピクトリアル誌に2021年1月号から2022年8月号まで20回に亘る連載を元にしてはいるが、自叙伝的な内容は大幅に圧縮し、日本の鉄道の再生を願っての提言―民鉄技術の活用と世界への貢献―などを書き加えて世に問うものである。

　1964年に世界に先駆けて高速鉄道を誕生させた日本の鉄道は今、世界の動きから完全に遅れをとってしまった。地球環境問題やエネルギー・資源・安全の観点から多くの点で優れた特性を持っていて、持続可能な交通モードの代表として鉄道が大躍進を続けている中で、日本だけが元気がないのである。

　日本に輪をかけた少子高齢化が進みつつある中国は、2007年に高速鉄道保有国になって以来、高速鉄道の世界のシェアを急速に伸ばし、今では世界の高速鉄道の3分の2を保有し、さらに質的にも量的にもそれを広げている。スイスは1982年以来、走行速度の高速化から所要時間の短縮に方針を転換しそれからの40年で元もと高かった鉄道のシェアを大幅に伸ばし続けている。ヨーロッパで最長の高速鉄道路線を持つに至ったスペインでは、軌間の異なる在来線との直通が広範囲に行われており、鉄道への信頼と、社会的地位を著しく向上させている。

　このようなこととの対比で日本国内の鉄道の置かれている状況を見ると、大発展の機会を逃し続けていて、今や宝の持ち腐れの状況に陥っているとしか思えないのである。大都市の通勤鉄道では今でも混雑問題は解消されていないばかりか、3年続いたコロナ禍以後のサービス正常化の機会さえも活用できていない現状がある。元祖の高速鉄道ネットワークである新幹線も目標の4割で建設がほぼストップしており、その影響もあって新幹線が出来ることを前提に在来鉄道の高速化が半世紀以上に亘って停止してしまっている。

　日本人は鉄道が大好きである。出版物も新聞やテレビなどでも、これらに代わって登場した各種の情報媒体でも鉄道を取り上げれば話題が盛り上がる。日本の地図には必ず鉄道路線が目立つように描かれており、多くの都市や町は駅が中心になっている。これらは国際的には当然のことではない。日本の置かれ

ている状況の下では、鉄道はまだまだ発展を続ける可能性が高いのに、自らそれを放棄しているかのように海外からは見える点が少なくない。

視点を変えて海外の目で日本の鉄道を見ると、優れた点もたくさんあるのに、理不尽なこともまたたくさんあって、上手な使い方が非常にわかりにくい。例えば同じ東京の中でほんの10kmあまりの電車での移動に、利用する線を選ばないと運賃に2倍以上の差が出ることが少なくないなど、世界の常識に反する例が珍しくないし、先進国にはあるまじき通勤通学の混雑が長年解消されないなど、利用者にも事業者にも決して望ましくない事例も多々ある。

本書では、政策の議論には深入りしない範囲で、質的にも量的にも明らかに大発展を遂げつつあるスイスの公共交通のノウハウに見習ったり、多くの駅と緩急列車の組み合わせで便利で速く目的駅に着ける大手民鉄の技術をJRや南アジアの大都市にも採り入れることで、大都市交通での鉄道の立場を一層拡大して、地球環境にも安全問題にも鉄道がより一層貢献できることを目指したり、都市間交通の分野では新幹線のネットワークが大きく伸びることを前提に、在来鉄道のスピードアップがほぼ半世紀に亘ってストップしてしまった中で鉄道150年を迎えた日本で、今後の半世紀でこれを挽回するために欠落してしまった「中速鉄道」への取り組みなどを提言している。

鉄道技術をライフワークにしてきた筆者としては、日本の鉄道がまだまだ国内的にも国際的にも貢献できるのに、その元気を失っているのが大変残念である。少子高齢化の社会では、縮小はやむを得ない、もともと便利な自動車が人が運転する危ない『人動車』からAIを駆使した文字通りの『自動車』になればもう鉄道の出番はない、などの誤解もまだ少なくない。電気自動車が排気ガスを出さずに走っても、アスファルトの道路をゴムタイヤで走れば、鉄レール上の鉄道車両に比べてエネルギー消費率は一桁多く、自動運転で危険性が一桁減ってもまだ鉄道の安全性よりも一桁以上低いのである。

大好きな鉄道がより一層発展することを願って
2023年6月　我孫子にて　筆者

鉄道技術との60年　目次

--- 凡　　例 ---

本文中 ［⇒車①］［⇒運①］［⇒信①］などの表記がある用語については、
巻末 168 ページからの「用語解説」の該当箇所「車①」「運①」「信①」
のなかで詳しく解説をしている。

第1章　鉄道との関わり

1　小田急電鉄・京浜急行

小田急との付き合い

　1957年は日本の鉄道界には大きな出来事が特に多い年だった。

　小田急沿線で生まれ育ち、喜多見駅から下北沢駅で井の頭線に乗り換えて駒場まで通学していた筆者は、行き帰りに経堂の車庫を眺めるのが日課になっていたのだが、5月には話題の特急車SE車［⇒車①］が姿を現した。この月末には鉄道技術研究所（現・鉄道総合技術研究所）による『超特急列車 東京―大阪間3時間への可能性』という講演会が銀座の山葉ホールで開かれ、受験勉強を中断して出席した。講演の中では後に「新幹線」となる車両のイメージとしてSE車そっくりのものが紹介されていた。7月から小田急線のロマンスカーに就役したSE車は、9月には国鉄線で狭軌鉄道の世界最高速度145km/hを記録した。

　講演会の内容は、篠原武司研究所長の「新たな高速鉄道の提唱」に引き続き、三木忠直車両構造研究室長の「車両」、星野陽一軌道研究室長の「線路」、松平 精 車両運動研究室長の「乗り心地と安全」、河邊 一 信号研究室長の「信号保安」についてであった。いずれも研究所として煮詰まった内容の提案だっ

図1-1　箱根湯本駅に停車中の小田急SE車とSE車登場時に小田急が制作したカタログの復刻版
（写真提供：川島常雄）

図 1-2　大井工場に公開された車両と筆者
(1958.5　筆者)

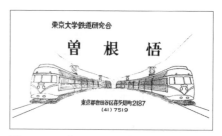

図 1-3　SE 車のスケッチ入りの特製名刺

たが、理科好きの高校生にとって、最初の 3 つはそれなりに理解できた気がしたが、最後の信号保安、今でいう ATC の話はほとんど理解できなかった。

　同年 8 月には大糸南線の中土と北線の小滝とが結ばれて全通、9 月末には国鉄が試験を続けていた仙山線で単相交流 50Hz（当時の表現では 50c/s）、20kV による交流電化の営業運転が始まり、翌 10 月には本格的に交流電化を進めてきた北陸本線の田村―敦賀間も 60Hz、20kV で電化された。

　もともと鉄道に興味を持っていた筆者は、この年に広義の技術による鉄道のサービスと経営の向上をライフワークにしようと決意したのだった。

　1958 年には首尾良く東京大学に入学することになり、入学後には鉄道研究会に入会した。同年 5 月には十河信二国鉄総裁（1884-1981）の呼びかけでアジア鉄道首脳者会議（ARC）が開催され、関連する展示会が大井工場で公開された。日本の鉄道全体の PR を目的とし、国鉄以外の車両も多く展示され、中には新しい路面電車も含まれていた。学生服を着るのが当然とされていた最後の年代でもある。写真（図 1-2）は当時のもので、方向幕は「東大 曽根」ではなく「東 大曽根」である。

　東京大学の教養学部理科 I 類で 1 年間過ごした後に専門の学科を選択することになるが、鉄道関係で羽振りのよい土木工学でも、華やかな車両を扱う機械工学でもなく、講演でもっとも難解だった信号保安や新技術である交流電化を

含む電気工学を選び、結果的にこの選択は大成功だった。

　SE車についてはもっと詳しく知りたくなった。今のように必要な情報が簡単に得られる時代ではなかったし、東京大学鉄道研究会は、今でこそ知らない人がいないような錚々たる大物をたくさん輩出するのだが、当時はまだ運輸省や国鉄に入った新人ばかりで私鉄関係者はいなかった。小田急には特に伝手がないながらも、南新宿の本社を訪ねることを考えた。若造がいきなり乗り込んでも、まともには相手にしてもらえないだろうと考え、思いついたのが、SE車のスケッチ入りの特製の名刺を作ることだった。今なら絵や写真入りの名刺は珍しくもなく簡単に作れるが、当時はコピーさえもプロ用のいわゆる青写真しかない時代、大きな名刺を手書きして写真に撮り印画紙で焼いて手作りした。

　予約もなしに乗り込んだ若者の相手をして下さったのは、修車掛長だった小出寿太郎氏で、SE車については小田急電鉄と関係メーカー等が共同で制作した立派なカタログも頂戴した（図1-1右）。なお、SE車は鉄道友の会の第1回ブルーリボン賞を受賞したのだが、実はSE車のためにブルーリボン賞を創設したほどの傑出した車両だった。1992年にSE車が引退する際に小田急電鉄からこのカタログの復刻版が関係者に配布されたから、趣味者の間にも知られた存在である。

(1) NSE車と山本利三郎氏

　山本利三郎氏（1899-1982）との初顔合わせは、NSE車3100形のお披露目の時、1963年のことであった。とはいっても、当時の筆者は無名の大学院生、山本氏は取締役技師長で、いわば雲の上の存在、遠くから説明を拝聴する以上のことはできなかった。山本氏の長年の主張は、徹底した軽量化と低重心化で、そのために列車長あたりの台車数が少なくできる連節車［⇒車②］にすることだった。縦割り組織で保守的な国鉄では居心地が悪く、ある意味で国鉄を飛び出して小田急で夢を実現しつつあったのだが、その小田急でもさまざまな抵抗にあって必ずしも思い通りには事が運ばない様子も少しずつ漏れてきた。

　SE車の6年後に登場するNSE車［⇒車①］であるが、この6年間には大きな変化があった。優等列車には冷房が付くのが当然になり、名古屋鉄道（名鉄）には前面展望のパノラマカーが生まれた。小田急の列車長は中型6両から同8

図 1-4　連節車になったかも知れなかった HE 車 2400 形
小田急における第 2 世代の高性能車として、1960 年に経済性をめざした斬新な技術を導入して登場した通勤車で、1960 〜 70 年代の主力通勤車として活躍した。（梅ヶ丘 - 世田谷代田　1963　筆者）

図 1-5　鴨宮の新幹線試験線基地における試作 B 編成
東海道新幹線モデル線の一部完成に伴い、1962 年 6 月 26 日に初の公式試運転が招待を乗せて試作 B 編成で行われた。試験線基地を発車する B 編成 1006。（1962.6　久保敏）

両に伸び、小田急沿線とも言うべき場所で開業前の新幹線の走行試験も始まっていた。これらの情勢の下で NSE 車が設計されたのだが、軽量・低重心・連節を活かした 11 車体 12 台車は当然の帰結としても、運転室を 2 階ではなく客室下に配置する案なども検討されたようだ。結局は名鉄のような位置になったが、乗客がいる時には運転士交代はしないことを前提に、客室からの出入りを収納式の梯子で行うこととした。車両故障に際しての床下点検や部分開放を極力避けるために、NSE の後継車である LSE 車 7000 形からは日本で最初の運転室からの遠隔操作機能を備えた本格的なモニタリングシステムを開発して搭載した。これらの伝統は進歩しつつ 2005 年の VSE 車 50000 形まで続いた。

漏れ聞こえてきた内容には、新通勤電車にも連節車を採用する案があり、これが実現していたら HE 車 2400 形や NHE 車 2600 形も相当変わっていたはずである（図 1-4）。HE 車は重い電動車と軽い制御車との組み合わせで 2.5M1.5T 相当の編成を実現したのだが、連節車なら台車単位で 4M2T、5 車体 6 台車でスマートに実現できたはずである。後の NHE 車は 3M3T にしたために、粘着上の問題が起きたうえに性能も若干低下させざるを得なかったが、軽い 6 台車と重い 6 台車ではなく、均等な軸重の M 台車 6 台と T 台車 4 台という解に落ち着いたであろう。これらが実現していたら、今ヨーロッパのライトレールや地域交通用に近年ごく普通に見

られるようになった固定編成電車
のほとんどが合理的な連節車、と
いう姿を日本がリードしていたか
も知れないのである。SE 車開発に
絡む以下の話は広く知られている。
　軽量・低重心の SE 車を開発す
れば、戦前の阪和電鉄の実績（阪
和天王寺─東和歌山 61.2km、45
分、表定速度 81.6km/h）から考
えて新宿─小田原間 82.8km は 1
時間で結べるはずである。実際に

図 1-6　国鉄ホームからの SE 車と NSE 車
この日は御殿場線が不通になり SE 車を小田原に留置していた。（1972.9.15　筆者）

1963 年に 62 分まで縮めたものの、一般列車増発の必要からこれ以上の時間短縮はダイヤ上できず、60 年後の 2018 年の複々線完成ダイヤの祝砲としての意味合いで土休日下りの少数の列車で 59 分運転が実現した。
　ところが山本氏の真意は「小田原まで 60 分」ではなかったようである。当時会社に出入りした際に若手の本社勤務の社員からもいろいろな情報が入ってきたが、それによれば、小田原まで 60 分は当然として、本音は箱根湯本まで 60 分にしたいというのである。小田原まで 60 分だと折返し時間を含めて 1 往復 3 時間になり、当時の 30 分時隔では実働で 6 編成必要になるが、箱根湯本まで 60 分になれば、実働 5 編成で賄えるというのがその理由である。今となっては確かめようがないのだが、山本氏の性格から小田原まで 60 分という簡単に達成できそうな目標ではなく、常識的には少し無理な目標を立てたものの保守的な人達の抵抗にあって公式には「小田原まで 60 分」に落ち着いたというのがどうやら真相らしい。

(2) 初代モニターと通勤特急の提案　安藤楢六社長

　JR を含め、今では各鉄道会社とも企業活動に社外の目を採り入れることには力を入れている。小田急電鉄の 75 年史を見ると 1996 年 7 月にボイスセンター開設、1998 年 1 月にアンケートモニター制度発足、等となっているが、実は安藤楢六社長（1900-1984）の肝入りで最初のモニター制度がスタートしたの

は 1958 年度のことだった。

　筆者は約 20 名の初代モニターの一人に選ばれて、ときどき本社に呼ばれて改善提案などを安藤社長の前で発言したり、会社側からは、PR 資料やグッズの提供を受けたりした。

　モニター活動の中で、自分で出色と考えていたひとつが、特急車の回送、つまり朝の下り特急に対する上りの回送と、夕方～夜間の上り特急の入庫用下り回送列車に対して、定期指定券を発売してマイ列車・マイ座席化する提案だった。どうせ回送だから、出退勤時刻の都合で空席になってもともと、毎回座席指定をするのもそれを買うのも容易でない時代の提案だったが、このアイデアが一部実現するまでに 10 年かかった。1967 ～ 1968 年に特急車の車庫を経堂から相模大野に変更してわが国初の通勤者向けの新原町田に停車し定期券との併用が可能な座席指定特急列車「あしがら号」と「えのしま号」が誕生した。

　これまでの小田急の特急は新宿と箱根とを直結する役割を主体にして、新宿―小田原間ノンストップの「はこね号」が多数を占め、早朝の下りと夕方の上りに、沿線居住者用に途中駅、向ヶ丘遊園に止まる「さがみ号」があった。一方、御殿場線に乗り入れる特別準急は 4 往復に限られるのでこれを補完する意味で、「さがみ号」は新松田にも停車していたが、あくまでも観光客用の途中駅停車であった。この時期には新幹線も開業し、IT 技術も指定券販売システムも格段に進歩したから、毎回座席指定をすることも容易になっていたので「マイ座席定期券」のアイデアはこれで永遠にボツになったのである。

　国鉄系の人たちの中には、1984 年に登場し、後に「ホームライナー大宮」等と名付けられたのがこの種の列車の起源との誤解もあるようだが、これは私鉄の例を参考にして須田　寛 旅客局長（当時）が導入したものなのである。

　モニターになったおかげで、大実業家の安藤社長とも会話を交わす機会に恵まれたのだが、会議の後の雑談で、国鉄御殿場線（当時の小田急の沿線案内図では「小田急御殿場線」と書かれていて、車両も乗務員も完全な片乗入れだった）直通用気動車（5000、5100 形）の塗色変更が都電のようで不評だ、という話題になった際に、「大会社の社長といえども、社長の一存で決められることには限りがあり、塗色変更くらいしかないのだ」との返答に絶句した記憶がある。

図 1-7　小田急の御殿場線直通用気動車（左）と都電（右）
当時の小田急急行色に準じた黄と青の塗分けで登場したキハ 5000・5100 形は、1959 年からクリーム色、朱帯に変更されたが、これが、1954 年 PCC カー導入を契機に塗装変更されていた都電の車体色に近似しているとして不評だった。（（左）1962　川島常雄、（右）1969　岸 幸男）

（3）2200 形・2400 形と通勤ダイヤ　生方良雄氏

　小田急電鉄といえば、鉄道ファン仲間では生方良雄氏（1925-2021）の名前が真っ先に出てくると思うが、筆者も 60 年以上にわたる長いお付き合いをさせていただいた。最初の出会いは、小田急の本社に出入りしている際に、車両だけでなくダイヤにも強い関心を寄せている筆者に小出氏が紹介してくださったと記憶している。山本利三郎技師長の下で、ご自身も SE 車の開発設計に関わられたのだが、SE 車設計の実務者としての認識はほとんどなかった。

　そのようなわけで、生方氏とは広義の列車ダイヤを通じてのサービスや経営論を非常に長く細部にわたって交わしてきた。当時の小田急は、特急列車の高速化等のほか、予想を遙かに超えて増大し続ける通勤輸送のニーズ対応に追われ続けていた。ここでは遠い昔の小田急ダイヤ論 2 つを述べてみたい。

高性能車のダイヤ上での活用策

　1953 年頃には、国鉄に比べて線路が弱い私鉄を中心に、高性能車の開発が急速に進みつつあった。帝都高速度交通営団（現・東京メトロ）や、関西の阪急・阪神・京阪などの主要路線の多くが 600V 区間だったので、昔からの 1M 方式のままで高性能化を達成できたのに対して、1500V の小田急と近鉄は、当時熱心に開発を進めていた三菱電機の松田新市氏（1911-2006）などの影響もあり、ブレーキ性能の格段の向上のために端子電圧の低いモーター 8 個を用い

図1-8　就役当時の2200形
1954年に登場した小田急の高性能車。試作を経ずに最初から量産車として営業に投入された。（稲田登戸（現 向ヶ丘遊園）1954.8.8　山岸庸次郎）

図1-9　近鉄1451+1452
最初の1500V用MM'方式の高性能車で試作的要素が強かった。（国分　1961.6　高松吉太郎）

て、電動車2両を一組とする高性能化を主軸に据えた。こうして登場した最初の実用車がともに1954年に登場した近鉄の1451と小田急の2200形だった。前者が2両だけの試作的要素を含んでいたのに対して、後者はいきなり2つの車両メーカーが2編成ずつ造ったという点では国内初の高性能量産車であった。

試運転列車を見かけた際の印象は強烈なものだった。今から考えると、本当の試験ではなく、運転士のための訓練運転と思われるが、当時の手動加速の車両ならノッチを入れた瞬間にガクンと加速し、自動加速の車両もショックは少ないが遅れなく加速が始まっていた。ところが、2200形の運転台に座った運転士はノッチを入れても加速しないので、あわててノッチを戻して指導者になにやら尋ねていた。多分そのままやってみろと言われたのだと思うが、少し間をおいてショックもなく軽い「ヒューン」という音とともに加速するのを目撃し、なにやらすごい車両が登場したのに驚いた記憶が鮮明である。

後に登場するSE車では、実はこの2200形の単位スイッチ式の三菱電機製の制御装置は、重いことが理由で採用されず、ライバル社である東芝製になったのだが、そんなことは全く知らない筆者は、標記自重の28.5tをそのまま信じて、非常に軽い高性能車の誕生にただただびっくりしていたのである。

この 2200 形は 2 両×9 編成で打ち止めとなり、1959 年には後継車として HE 車と呼ばれた 2400 形に変わった。性能は変えずに全 M 編成から MT 編成に変えるのに際して、いわば 2.5M 1.5T（車体長 18.8m×2、15.4m×2 で自重で 68t、40t）とでもいうべき工夫をしている。

大出力モーター、カム軸式超多段抵抗制御、台車設計等の工夫で高性能を維持した点では、1957 年に国鉄が導入したモハ 90 型（後の 101 系）［⇒車①］が全電動車編成による高性能化を中央線の通勤電車で目指したものの、変電所の負担に耐えきれず、8M2T を経て 6M4T になり「高性能車」の看板を下ろし「新性能車」という苦し紛れの用語を編み出したのとは好対照だった。

激動期、1960 年から 1973 年頃までのダイヤ改正でのさまざまな工夫など試行錯誤の歴史を簡単に辿ってみたい。

1960 年頃の小田急には 1800 形などの 20m 車もあったが、主力は私鉄サイズの 17.5m の中型車で最長編成は 6 両 105m 程度と考えられていた。旧型車主体での朝のラッシュ時の輸送は、ラッシュピークの時間幅は 40 分程度、8 分おきに急行が走り、ラッシュ輸送の主体となる向ヶ丘遊園→新宿 15.8km 区間にはこの 8 分ごとの急行の間に 2 本の各停が走るダイヤだった。

高性能車 2200 形（1954 年～）とその後継経済車 2400 形 HE 車（1959 年～）を造り続け、朝ラッシュ時に必要な高性能車が揃った 1962 年 3 月のダイヤ改正では、8 分ごとの急行（朝ラッシュ時上りに限り、登戸と成城学園前にも追加停車）の間に登戸まで各停、その後新宿まで急行という通勤準急を設定して

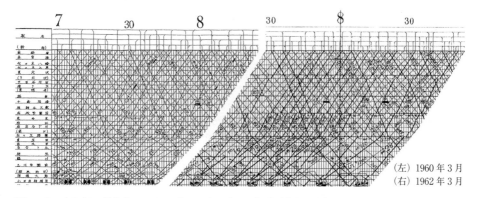

（左）1960 年 3 月
（右）1962 年 3 月

図 1-10　小田急　新宿方ラッシュピーク時のダイヤ比較（筆者所蔵）

近郊区間では急行と通勤準急とを合わせて4分時隔とし、この間に高性能車限定の各停を集中配置して平均時隔2分の緩急結合ダイヤ（待避駅は成城学園前と東北沢：図1-9右）を実現した。

　ラッシュの激化はさらに続き、最長編成の想定を中型車8両として、新宿駅を地上3線、地下2線の大改良に着手した。これが実現した1963年11月のダイヤ改正では、最混雑時間帯幅を伸ばすために、従来のピーク前に新宿に着いた高性能車を向ヶ丘遊園や成城学園前に回送して循環使用することでピーク前後の高頻度輸送をまかなう苦肉のダイヤになっている。所要時間が若干延び、東北沢での待避を止めて経堂からの所要時間だけ少し短くなった。なお、このダイヤではSE車特急による新宿—小田原間62分運転が上下両方向で実現している。

　通勤距離も長くなる中で、長距離通勤用の優等列車と近郊区間用の各停との比率を変更する必要も生じ、次の大改訂である1967年11月ダイヤでは、周期を6分にして、急行（旧性能車も含む中型8両など）、準急（高性能車限定）、普通（大型5〜6両）の比率を朝ピークには1：1：1に変更した。

　このダイヤでのもうひとつのトピックスは、先にも触れた通勤者用の特急の新設だった。とはいえ、激化し続ける朝ラッシュの時間帯には着席通勤のスジは入れる余地がなく、上りは新宿着9：16の新原町田（現 町田）停車の1本のみ、下りは18時から19時までの4本のみという遠慮がちのダイヤだった。しかしこれは利用者の支持を得たうえ、心配された反発も少なかったためか急成長して3年後の1970年11月ダイヤでは朝の上りは新宿着

図1-11　有料による着席通勤特急の先駆けとなった1967年11月のダイヤで登場の小田急NSE車「あしがら」

最混雑時間帯を外しておそるおそる導入した通勤用のロマンスカー。好評のため後に相次いで増発された。新宿−新原町田（現 町田）の特急料金は100円だった。（新宿　1971　鉄道ピクトリアル編集部）

8：52、9：22、9：47、9：52と4本になり、下りは、新宿発16：00までが在来パターンの途中ノンストップ、16：30から最終の20：30までは30分ごとに「あしがら号」が、さらに18時台には2本の「えのしま号」も加わった。今日のごく少数の列車がノンストップで、他はすべて途中駅停車、通勤用としてモーニングウェイ、ホームウェイを名乗る列車へと発展するパターンがスタートしたのである。

　この後新宿駅地下ルートの大拡張のために、10年前に完成したばかりの自慢の2層配線の新宿駅地下ホームを閉鎖して、何と地上ホーム3線だけで乗り切らざるを得ない1973年5月ダイヤでは通勤時間はさらに目立って延び、通勤区間向けの車両と乗務員を生み出すためにも本厚木—新松田間の減車・減便に踏み切らざるを得ないという、苦し紛れのダイヤになった。

　抜本的な改正はやはり複々線完成の2018年3月までは出来なかった。

京急との付き合い
(1) 230形と500形
　筆者は小田急沿線に住みながら、どの鉄道が好きか、と尋ねられたら「京浜急行」と答える少年だった。情報は鉄道模型趣味（TMS）誌で仕入れていたが、京浜急行を利用して鷹取山ハイキングなどに一人で出かけることもあった。クロスシートこそ残ってはいなかったが、先頭の運転室の反対側には最先頭部までシートがあって、待ってでもこの席を取るのがパターンであった。この230形に挟まれていた、実は貴重な120形木造車や古くさい半鋼製車140形には目もくれないで230形のみに乗車した。

　そのうちにデハ500形というクロスシートの素晴らしい電車が現れたことを知り、浦賀から東京湾を越えての大旅行に、父に同行を頼んで出かけたのは、まだクハ550形が出来ていない1952年春だったと思う。定員制の第二房総号の切符を手にして鋸山へのハイキングを楽しんできた。

　何回か京浜急行（まだ「京急」とは誰も呼ばない時代だった）に乗るうちに、他の鉄道との違いに次々に出くわした。小田急でも国鉄でも車掌は必ず最後部に乗っていて、たとえ車内改札等で巡回していても駅の停車と発車時には必ず最後部の車掌位置に戻っていたが、京浜急行では車掌は車内のどこにいるか判

図1-12　京浜急行デハ500形
1951年にデビューした2扉セミクロスシートの急行
車で、戦後の京急の新たな車両形態の基礎を築いた。
（1956　生方良雄）

図1-13　営団地下鉄100形
1939年に東京高速鉄道が導入。戦後も車掌専用扉が
ないままで運用された。（渋谷　1950　高松吉太郎）

　らず、扉の開閉は運転士との共同作業のようだった。小田急にも車掌専用の乗務員扉のない1200形などが少数残っていて、満員のラッシュ時には車掌泣かせだった。また地下鉄（当時は今の銀座線しかなかった）でも車掌専用扉のない100形でも車掌は最後部に乗車し、「他の戸」を閉めてから「此の戸」を閉める運用だったが、230形では何事もなく運用できていたのは驚きだった。

　やがて車内や駅での放送が使われ出すと、他の鉄道では車内は車掌が、駅は駅員が担当するのが当然だったが、京浜急行では接近する列車の車掌が駅の放送もするという新機軸も編み出していた。

　目立つ違いのひとつが連結器だった。国電では密着連結器が、小田急では自動連結器が先頭車の正面を向いているのが当然だったが、京浜急行では見かけない連結器が斜めを向いていた。もともと鉄道としてスタートした国鉄も小田急も長大列車用の自動連結器を用いていたが、国電は一足先に密着連結器に変えていた。対して、軌道からスタートした京浜急行や阪神電鉄は連結運転を始めるに際して目的に合った連結器を導入したのである。「斜めを向いた連結器」はウェスティングハウス社と提携していた三菱電機のK2Aという小型で電気・空気の連結も同時にでき、バネで常に正面を向いている連結器ではできない曲線部での連結も可能だった。

　これらのユニークなものの多くが都営地下鉄浅草線を介して京成電鉄との相互直通運転を機に失われてしまったのだが、この直通を機会に直通先である都

図1-14 京浜急行や阪神電鉄で使用されたK2A連結器
電気連結器を内蔵したクハ554の小型の密着連結器。都営地下鉄との直
通に際して一般的な物に変更された。（1953 高松吉太郎）

営浅草線や京成電鉄を変えることになったこともまた実に多いのである。

(2) 京浜急行のダイヤの面白さ

ユニークで面白い筆頭はダイヤだろう。軌道を出自とする鉄道のダイヤには
それが色濃く残っていて、普通なら実現できそうにないダイヤも実現してしま
う。面白い点では東の京急、西の阪神がピカイチではなかろうか。

京急には待避線がない横浜で追い抜きをしたり、副本線が1本しかない川崎
で二重待避、つまり普通・急行・特急の順に到着して特急・急行・普通の順に
発車したり、先発した4両と後発の8両を併結してスイッチバック駅ではない
川崎駅からは前8両後4両の12両編成として発車するなど、クイズもどきの
ダイヤが実際に存在した。

今の京急蒲田駅では、通常の複線では実現不可能なダイヤが使われている。
立体化に際して、本線は3階を下り列車用、2階を上り列車用にしたのだが、
空港線には品川からの下り列車も横浜方面からの上り列車も直通している。も
ちろん空港からは品川方面にも横浜方面にも直通している。種明かしをすれば、
空港線の次駅、糀谷の直前までは単線並列信号［⇒運①］なのである。まだク
イズもどきも残っていて、品川―京急蒲田の普通列車も存在する。さらに、地
平駅時代の空港線は半径60mの急カーブの後、主要幹線道路の第一京浜を横

図 1-15　京阪神急行電鉄 100 形
1930 年代の代表的な重量級高速電車の一つで新京阪
鉄道が新線建設と共に導入したもの。（中津　1949
高松吉太郎）

断する踏切があったが、これは後に半径 80m になり、高架化に際して 100m になったものの、それでも急曲線なので、走行に際してのきしみ音防止等の観点から列車走行時に散水をしている。

スピードアップに際しては新たに「抑速信号（YGF）［⇒信②］」を開発して用いており、後述するようにこれが京成のスカイライナーの高速運転を助けてもいる。

阪神では、野球観戦者の輸送で留置線が 1 本しかない甲子園から次々に必要な臨時列車を出している。普段も伝統的に短い時隔での緩急結合ダイヤが使われ、これを実現するために各駅停車専用のジェットカーを用意、通過列車の後すぐに発車するために出発信号機に警戒（YY）現示を出す駅もある。

(3) 日野原 保、丸山信昭、石井信邦、道平 隆氏

京浜急行幹部との人的なお付き合いも他社と比べて非常に密接であった。日野原 保氏（1908-1999）とは 30 年以上の年齢差があったが、同じ電気系出身ということもあり、可愛がっていただいた。湘南デ 1 形（後の 230 形）は日野原氏にとっては最初の仕事としての関わりであり、筆者にとっては鉄道車両技術の最初の良き手本であった。同時代の日本を代表する電車群に西の新京阪のデイ 100、阪和のモヨ 100、南海の電 9 形という重量級大出力電車があり、鉄道ファンの中でも人気があったが、名車湘南デ 1 形は鉄道趣味的には今ひとつの人気なのが不思議だった。

日野原氏はファンの間では両開き扉不要論者として知られているが、筆者にとっては軽量車による高速輸送システム論者だった。運転上の無駄時間を極力減らすというのが京急の伝統であるが、日本でこの取組みを進めたきっかけはシカゴ～ミルウォーキーを結ぶ North Shore Line（NSL）の「Electroliner」と

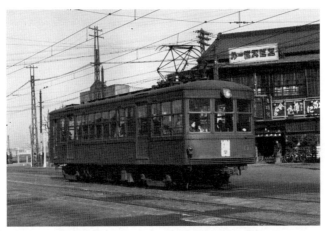

図1-16　湘南電鉄デ1形
湘南電気鉄道開業に際して当時の最新技術を採用して1930年に登場。京浜との直通のための複電圧車で後の230形。(北品川付近　1930年頃　高松吉太郎)

いう極めて個性的な車両とそのサービスを戦後間もない時点で視察されたことに強く関係していると思われる。路面電車からスタートし、狭い市街地の路線Shore Lineと並行して新天地Skokie Valleyに高速走行が可能な新線NSLを作り、4車体5台車の食堂車付連節車がポール集電で140km/h運転をするのに強い刺激を受けたようだ。

丸山信昭氏（1927-2017）は筆者の12年先輩で、日野原イズムをさらに発展させて今日の京急らしさの多くを作り上げた人物である。接近する列車の車掌が次駅の放送を担当する新機軸も、新入社員の頃の実習で車掌を担当していた際の丸山氏のアイデアだそうだ。丸山イズムの神髄を直接教わったことがあるが、若干誇張して表現すれば、「国鉄が『右』と言ったらまず『左』を見た後に自分で考えれば良い点も悪い点も判る」ということであった。

京急独自の集電システムはまさにこの好例だ。カーボン摺板のパンタグラフには無音でトロリ線の摩耗がほとんどないという利点がある反面、接触抵抗が大きいために電車線の温度上昇がやや大きくなるという問題もあった。かつては停車中の電車の集電電流は微少で何の問題もなかったが、停車中の冷房負荷で時に電車線事故が起きるようになった。国鉄は左右に2本のトロリ線を並べ

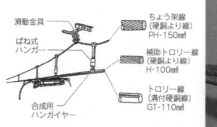

図 1-17　京急が導入している合成電車線の構造
特殊ハンガーを用いて補助トロリー線（上部）と溝を付けたトロリー線（下部）
を密着固定させている。（出典：鉄道ピクトリアル 2017 年 8 月増刊）

図 1-18　京急朝ラッシュ輸送の 12 両編成
1983 年当時の様子。久里浜方から到着した 8 両の後方に
700 形 4 両を連結して 12 両にする金沢文庫駅の朝ラッシュ
の日常風景。（写真：1983.7　吉川文夫）

て、パンタグラフとの接触箇所を増やすことで、事故を防いだ。民鉄の中には「国鉄が左右」なら「我が社は前後」で、とパンタグラフを増やす例や接触抵抗が大きいカーボン摺板を止める会社さえ現れたが、京急は「国鉄が左右」なら「京急は上下」と考えて、何と本当に上下で良いシステムを作りあげてしまった。トロリ線を上下に並べて固定することで、接触部の温度が上がって膨張すれば温度が低い上部に張力が移るから温度が上がっても下部は切れないのである。こうして、すぐれた固形潤滑剤でもあるカーボン摺板を無音・安全かつ経済的・長寿命に使い続けている。

　この他にも、電気転轍機をまくら木に取り付けるから狂いが生じる、としてレールに取り付けるようにしたり、併結車両の停止位置近くに軌道回路境界を作って併結時間を大幅に短縮するなど丸山氏の功績は非常に多い。

　そんな丸山イズムの最たるものとして「先頭車は電動車に限定する」ということがあげられる。最大のポイントは電動車の車輪は集電もしているから、軌

道回路の動作が確実になり、信号機の動作を遅らせる時素¹⁾を加える必要がなく、重いから踏切で自動車と衝突した際の脱線の確率も低い。想定される最悪の事故は踏切で自動車と衝突して脱線し、対向列車と衝突することでこれを少しでも防ぐ目的で自動車の通るすべての踏切の先に脱線防止ガードを設置したのも京浜急行の発案であり、近くの相鉄を経て今ではJR東日本や小田急などにも広がっている。

　運転畑の石井信邦氏にも運転の信頼性確保に関して多くのことを教えていただいた。余裕時間が少ない中でダイヤ乱れを出さない運転士・車掌のペア勤務の利点や、運行管理に中途半端な装置を導入せずにベテラン司令員に手動でやらせるとか、人身事故などで運転できなくなった際の運転可能な区間での運転継続への周到な準備で、詳細な運転整理に先立ってとりあえずの素早い出庫指示など、さすがにプロとうならせる京急方式を編み出した。第5章2で紹介するスイスの公共放送SRFの人気旅番組で京急の高密度安定輸送を特集することになった際にも大変お世話になっている。

　最近まで専務取締役鉄道本部長を務められた道平　隆氏は、東大大学院で開いた情報科学セミナーのダイヤ作成演習に参加いただいた時からの長いお付き合いである。院生数人の各班にそれぞれ鉄道事業者からも一人ずつ加わっていただき、学びつつ実務面での制約や考え方等の指導もしていただいた。京急がスピードアップに際して開発した新しい「抑速信号」に関する内容を『電気鉄道ハンドブック』（コロナ社　初版2007年 改訂版2021年）に執筆いただくなど、良き京急流の開発・普及活動にも積極的に加わっていただいている。

　後の2015年に京急が「高度な安定輸送の実現」により国土交通省の日本鉄道賞特別賞を受賞した際には、工学院大学の鉄道講座でこのことの解説を道平氏経由でお願いして、運転車両部の吉田　尚平課長補佐からの『京急に見る安全・安定輸送の仕組み〜日本鉄道賞特別賞受賞記念〜』を開催し、鉄道講座受講者数の新記録を達成した。この回には道平氏にも出席いただいた。

---

1) 確実性を増すためなどの理由でわざわざ動作を遅らせるために一種のタイマーを用いること

京急イズムとそれが京成に与えた影響

　相互直通運転を始める前の京浜急行と京成電鉄は、どちらも生まれが軌道[⇒その他・組織]であるという共通点からの似た点がある一方で、社風的にはまったく違う鉄道だった。沿線住民から支持を受けることの多い京急に対して、京成は時に反発を受けるような施策も打ち出すという点では私鉄としては珍しい会社であった。昔の京成は関東の私鉄の中ではストの多い鉄道でもあった。西武と小田急は、理由は違うがストをせず、京急は時にストはしても沿線利用者への影響をほとんど出さない工夫をしていた。

　元軌道の宿命としてともに踏切事故には悩まされてきたが、これへの対処もかつてはまったく対照的だった。京成は踏切事故で高価な主電動機を壊されてはたまらないとして先頭が電動車でも先頭台車だけはモーターなしの6M車両（3200形の一部1965年から）を作ったりもしていた。当初はこの車両も直通車として京急にも乗り入れていたのだが、1980年頃から両者でいろいろ議論の末、いまでは先頭台車を電動台車に限ることにして、信号システムの無駄な

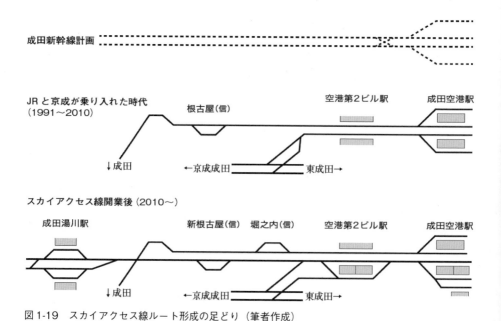

図1-19　スカイアクセス線ルート形成の足どり（筆者作成）

図 1-20　スカイアクセス線成田湯川駅を通過する京成電鉄スカイライ
　　　　　ナーと 6 現示の信号機
国内の在来鉄道最高速の 160km/h で運転、中央の信号機は 6 灯 6 現示（上から
YGRGYG）で高速進行と抑速信号も現示される。（2010.7.17　白土貞夫）

　時素[2) を排除して安全迅速な運転が行え、京成の京急化が完了している。社
風もすっかり変わり、経営側も組合側も相互直通を介しての密接な交流を通じ
て、表現が適切でないかもしれないが、京成という会社全体が京急ファンになっ
てしまったようだ。
　JR との対抗上の技術に関しても、あるべきダイヤに合わせて施設を改良す
るという「京急化」が効果を発揮している。もともと成田空港駅は成田新幹線
が複線として利用する前提で作られた。京成は一足先に現東成田駅を成田空港
駅として使用していたが、成田新幹線計画が頓挫し、京成と JR がそれぞれ単
線ずつに分けて利用することになった。JR は成田線との立体交差地点（土屋）
から単線（8.7km、途中将来京成が使う線路の場所を利用して根古屋信号場を
設置）を、京成はもう一方の単線用地・駅を使って空港第二ビルと成田空港両
駅に乗り入れるため、複線の東成田ルートを分岐し、空港第二ビルの直前で単
線として乗り入れていた。
　京成の第二種鉄道としてのスカイアクセス線ルートの開通に備えて、2009

───────────────────────────────
2）先頭台車が電動台車でない場合には、軌道回路による在線検知が遅れることがあり、確実性を高めるため
　に信号の変化を遅らせる手法として、タイマーで一定時間待ってから現示する手法がとられることが多い。

年に空港第二ビル駅の複線化をし、翌年の開通時からは成田空港駅の線増もした。成田空港駅は3線、5乗り場となり、新幹線用の長いプラットホームでは閉塞を分けて縦列停車も可能になっている。スカイアクセス線は成田湯川―成田空港間10.7km（JRが信号場として使っていた付近に新たに京成用の新根古屋信号場を設置、JRには根古屋信号場の代替として堀之内信号場を設置）が単線という弱点がある。ここではスカイライナーが新幹線以外で国内単独最高速の160km/h運転をしつつ、成田経由の本線ルートとスカイアクセス線経由の新ルートの両方に非優等列車をも走らせ、しかも必要な運転頻度を確保するために、かつて北越急行で使われていた高速進行信号（GG）と京急が開発した抑速信号（YGF）の両方を用いているのである。

　これらの結果、看板列車スカイライナーのほぼ終日にわたる20分時隔が実現し、そのほかに非優等列車が40分周期で京成本線に上野方面と都営地下鉄方面に各1本、スカイアクセス線に羽田空港直通が1本走っている。

　一方のJRは与えられた線路を前提として、列車の増発ができない状況を放置し続けている。現状でも成田エクスプレスをほぼ30分おきに増発したものの、普通列車は15両編成を1時間に1往復しか走らせていない。サービス面での国鉄改革のスタートになった1982年頃からの短編成による頻発運転を採り入れる意図が今のところまったく見られず、空港関係者の出退勤時間帯だけに通勤列車を1往復増発しているに過ぎない。この結果、空港駅のJR社員は不本意ながら時には京成線の利用を案内せざるを得ない場面を体験している。特にJapan Rail Pass所持者には「京成には乗れない」という国際常識に反する案内もせざるを得ず、何とかして欲しいという想いを抱いている人も多い。

2　東大から受けた恩恵

　1958年に入学し、1962年に卒業、国鉄に入るつもりを就職担当の阪本捷房先生（1906-1986）に止められ、博士課程に進んで1967年まで学生・院生、それから2000年までを教員（当時は教官だった）として過ごしたから、人生の大半42年間を東大で過ごしたことになる。この間に受けた恩恵は実に計り知れないものがある。そのほんの一端を以下に記すことになる。

図 1-21 交流電化発祥の地 仙山線での ED44（左）と ED45（右）
（左）当初本命と考えられた交流整流子モーター式の ED44 は 1955 年 8 月 10 日から試験が始まり、ほぼ予定通りの成果を上げた。（熊ヶ根　1955.9.12　柏木樟一）
（右）仙台駅構内で入線試験を行う水銀整流器式の ED45 も試験に加わり、驚異的な性能を発揮した。（1957.8　柏木樟一）

東大鉄道研究会と人材・人脈

　まず迷うことなく所属したのが鉄道研究会である。そのほかにも顔を出したことはあるが長続きしなかった。

　東大鉄道研究会は比較的新しく結成された会なので、国鉄や私鉄の有力先輩こそ居なかったが、鉄道現場の見学会などでは大歓迎され、入学早々に交流電化の聖地でもあった作並機関区にも出かけた。ここでは、もともと本命であった直接式の ED44（図 1-21 左、日立：主電動機のみは他に東洋、富士も）が一応成功していたが、サブのつもりだった水銀整流器式の ED45（図 1-21 右）が驚異的とも考えられる粘着特性を示して大成功を収めたため、急遽三菱の ED45 1 に対して ED45 11（東芝）、ED45 21（日立）も加わっていた。さらに交直流電車の試作車も制御車の床下に主変圧器と水銀整流器を搭載して試験していたが、できれば電車には水銀整流器は使いたくない、とクハ 5900 形（図 1-22）の客室にセレン整流器を搭載して試験中だった。入学早々にこのような最先端の試験現場に触れる機会が得られたのも東大のネームバリューのお陰だろう。

　電気技術に詳しい方から見れば、クラシックなセレン整流器の何が最先端か、との疑問があろう。作並を訪れた 2 年後にはすでにシリコン整流器を搭載した 401 系、403 系が実用化されていたから、セレン整流器やゲルマニウムダイオー

図 1-22　交直流電車の試作も クハ 5900 で
クハ 5900 に電源装置を搭載し、抵抗制御車と組み合わせた試験
も進められた。量産 401 系はシリコン整流器式になった。(北仙
台－陸前落合　1958.3.10　柏木樟一)

ドを試験するのはナンセンスと思われるかもしれないが、当時の国鉄には可能
性のあるものはすべて試してみるという、昨今の停滞したムードとは全く違う
意気込みがあった。
　会員・会友からも多くの支援・助力を受けていた。
　山之内 秀一郎氏 (1933-2008) は運転局の若手として国鉄パリ事務所や UIC
への滞在歴もあり、後に 1974 ～ 75 年にかけて筆者が英国 Birmingham 大学に
滞在することになった際には UIC に行く際の紹介状も書いていただいた。さ
らに、英国から帰国してからクック社が時刻表を全世界に展開する計画（ヨー
ロッパ以外の全世界版の見本版や空港連絡鉄道版の見本等を添えての相談を受
けていた。）に対して、日本の国鉄への協力依頼が頓挫しつつある事態に、運
転局のトップとして一肌脱いでいただく必要も出た。山之内氏は事務系が力を
持つ国鉄という組織内で独特のキャラクターを持った技術系として、民営化前
後を通じてさまざまな論争にも加わった。
　和久田康雄氏 (1934-2017) は、何かと国鉄中心になりがちの中で鉄道ファン
のバランスを取るためにも私鉄に注力された運輸官僚であり、鉄道ピクトリア
ル誌や鉄道友の会などを育てた鉄道趣味界での大恩人でもあった。英国とのつ
ながりで言えば、高名な鉄道ファンでもあり、クック社の時刻表全体の編集者
で 1952 年以来長期に勤めていた J.H.Price 氏 (1926-1998) を紹介していただいた。
　会友の西野保行氏は 1957 年京大土木修士修了で同年東京都交通局に就職さ

図1-23　つくばエクスプレス用の計画車両の一例
鉄道車輌工業会の研究会では都市間用（A）、遠距離通勤用（B）、近距
離通勤用（C）の3種を検討し、当初の5両編成中速鉄道仕様ダブルデッ
カーの（A）（B）兼用案の例。（日本鉄道車輌工業会・筆者所蔵）

れ、後に1991年に首都圏新都市鉄道の常務取締役、このつくばエクスプレス（図
1-23）の計画では委員会で事業の根幹（交流電化／車両の設計／快速の速度等）
を議論する機会にさまざまなご指導をいただいた。当初の夢のある計画から次
第に面白みのない計画に変質するに際しても、さまざまなバックアップをいた
だいた。

　同じく会友の青木栄一先生（1932-2020）は地理学という理系文系に跨る領
域の学者でもあり、趣味の分野でもしっかりとした文章を書く要諦を学ばせて
いただいた。

　石井幸孝氏とは車両分野でも私は電気車、石井氏は内燃車が専門だったため
に、直接仕事上での接点は少なく、国鉄最後の車両局長時代に畑違いのディー
ゼルカーの近代化に少しだけ拘わった程度であるが、工作局長就任前の広島鉄
道管理局長時代に広島地区の輸送を国鉄型の長編成低頻度輸送から短編成頻発
運転に変えた立役者として、1982年から国鉄最後の1986年11月（61.11）ダ
イヤに導いた、いわば国鉄流サービスをJR流に変えた最大の功績者とみてい
る。JR九州発足直後には初代社長に就任され、早速新生JRを個人的に見学す
る機会を与えられ、ライバルの西鉄まで含めて詳しく見せていただいた。

　電気工学科の先輩でもある久保　敏氏には、若手時代に103系の設計思想を
詳しく教えていただいて以来大変長くお世話になっている。特に、新幹線50
年の機会に、部内者には書けない内容の『新幹線50年の技術史』という拙著

図1-24 『新幹線50年の技術史』

を講談社から出した（図1-24）のだが、これに部内者にしか撮れない貴重な写真を多数ご提供いただいたことには大変感謝している。その他、鉄道電気技術協会、鉄道友の会、東大鉄道研究会OBの会である赤門鉄路クラブ等で非常に長くお世話になっている。

　実はこの他にも同輩・後輩も含めて非常に多くの方々とお付き合いをいただいているのだが、とても紙面がないのですべて省略させていただく。

多くの東大での恩師達

　筆者が電気工学科の学生として駒場の教養学部から本郷の工学部に進学したのは1960年4月のことで、翌秋からはいよいよ卒論に取りかかる。卒業研究は当時建設中の新幹線で最大の問題だった集電問題で、卒論指導教官の山村　昌教授（1918-2005）にお世話になった。ある日研究室で議論しながら集電火花の解析結果を示したところ、学会発表の締切が明日だから今日中に纏めて書けという突然の指示が下り、原稿用紙を渡されてしまった。これが私の学会発表第一号（図1-25）になった。

　阪本捷房先生には国鉄への就職を止めていただいたのだが、当初はその理由が十分には納得できていなかった。「国鉄には鉄道技術はない」と言われたことを、「系統別技術」ならあるが「鉄道技術全般」はないと理解していたのだが、実はもっと根の深い問題として納得できたのは、国鉄よりもよほど良くなったはずのJR西日本の取締役会に社外取締役の一人として参加していた2012年に、北陸線の長期直流化等の基本的技術事項すら伝承されていないことを知って驚愕したことなどを通じてである。

　山田直平先生（1909-1990）には、国際規格には日本中が冷淡だった時代にこれに積極的にかかわる重要性を教えていただき、2章図2-9に示す1978年の日本からの国際規格文書作成の主要部分に関わることができた。

　宇都宮敏男先生（1921-2009）は、電気応用講座の担当者で、その下の助教授としてグループに加わったのだが、本来なら先生をお助けする任務が多くあったにもかかわらず、鉄道分野での活躍を自由にさせていただき、大変あり

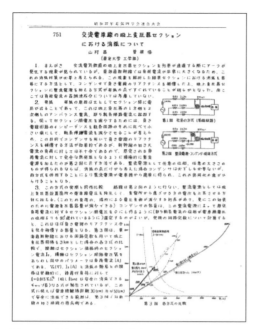

図 1-25　最初の学会発表論文

がたくかつ申し訳なく思っている。鉄道分野では ATC の国内規格化の仕事などを一緒にさせていただいた。

交通システム工学（JR 東海）寄附講座

1987 年に実現した国鉄の分割民営化前後の筆者の言動には多くの鉄道技術者からは支持を受けた反面、一部の事務系幹部からは反発を受けることもあったようだ。そのような中で、国鉄の北陸新幹線向けの技術を東海道新幹線のスーパーひかり（後の 300 系のぞみ）に結実させるプロジェクトに加わった。完成車のパンフレット

に寄稿したり、島 秀雄氏（1901-1998）を招いての公式試運転で長時間にわたって島氏とご一緒させていただくなどの中で、1995 年度から 3 年間東大大学院の電気工学専攻に寄附講座が設置されることになり、以前から学科・専攻の壁を越えた交通工学関連の全学自由研究ゼミナール「交通システム工学入門」や情報科学セミナー「交通システム工学」を積極的に進めていた曽根教授・古関助教授（当時）の講座がホストを務めることになった。寄附講座の仕組み自体は新しいもので、交通システム工学という電気に限定されない分野全般をカバーし、寄付者の事業範囲にも縛られず、寄付者と東大以外からの人材招聘等にも寄付金が使える素晴らしい仕組みを得て、世界各国から人材を集めて短期集中的に活動を行った。

3 年間を通じての寄附講座メンバーは、客員助教授として運輸省交通安全公害研究所との併任で水間 毅氏（後 交通安全環境研究所理事、東京大学特任教授を歴任）と、博士課程修了後に助手として加わっていただいた高木 亮氏

表 1-1　交通システム工学（JR 東海）寄附講座 客員教授・客員研究員

	氏　名	国	所　属・分　野	着任期間
客員教授	A.R.Eastham	カナダ	Queen's Univ. HSGT	1995.5—95.11
	高岡　征＊	日　本	日立製作所副技師長	1996.4—96.6
	J.F.Gieras	南アフリカ	Cape Town Univ.	1996.7—96.11
	芦谷 正裕	日　本	元三菱電機　駆動系	1996.11— 97.4
	C.J.Goodman	英　国	Birmingham Univ, CS	1997.7—97.10
	R.A.Smith	英　国	Sheffield Univ. Ry.	1997.11—98.3
客員研究員	O. Stalder	スイス	SBB　施設部長	1996.10.29—11.29
	P. Scheidegger	スイス	RBS地域交通 総裁	
	H. Schlunegger	スイス	BOB 技師長	
	R. Gutzwiller	スイス	SBB　信号部長	
	D. Eberlein	ドイツ	航空宇宙研 次長	1997.4.11—4.21
	R. Jeanerette	スイス	Biel 工大 PE	1997.10.22—11.6
	A. Vezzini	スイス	スイス Biel工大 PV車	
	I.D.O. Frew	英　国	Electric Railway Soc.	1997.11.21—12.8

HSGT: high speed ground transport、CS: computer simulation; computer control
Ry: railway systems、SBB: スイス連邦鉄道、RBS: Bern-Solothurn 地域交通
BOB: ベルナーオーバラント鉄道 PE: power electronics、PV: photovoltaic cell
＊）高岡　征（1938-2012）

図1-26　スイスで同窓会を開いてくれた5名
中央が会場を提供したスイス交通博物館館長の Bütikofer 氏で
2019 年の訪日鉄道ツアーの主催者、他の4名は 1996 年の交通
システム工学（JR 東海）寄附講座の客員研究員で日本各地で
開いたセミナーのテキスト Railways in Switzerland（p.101 図
5-8）の著者でもある。向かって左から Stalder、Scheidegger、
Schlunegger、Gutzwiller の各氏。（2021.11　O.Stalder）

（現 工学院大学教授）である
が、客員教授と客員研究員に
は表 1-1 のような得難い人物
に無理に時間を割いて加わっ
ていただき、学内外での講演・
研究、自国と日本との比較調
査・院生指導などを精力的に
こなして、鉄道業界にも、広
範囲の院生にも大変大きな刺
激を与えていただいた。なお、
このメンバーの中には電気系
以外にも社会基盤工学の家田
仁 教授からの推薦で参加され
た方も含まれている。

　この寄附講座の成果は、国内では大学と産業界、学内では学科や専攻の壁を越えての技術交流が、国際的には客員教授や客員研究員の活動を通じての知識や考え方の交流、さらには、この活動の一環として開催したLRT国際ワークショップを通じて多くの国との交流が大きかった。

　しかし、成果は決してこれだけではない。ホストの講座と寄附講座との連携によってこの期間に格段に進んだ研究成果も以下の例のように少なくはない。

　列車ダイヤの高度化・緻密化　ひかり／こだま2種類から、のぞみを含む3種類になった新幹線をはじめ、大都市の通勤輸送でも列車種別を増やしつつ案内も含めたダイヤの高度化が広く進んだ。

　交流モーター駆動の時代になって、完全に停止するまで電気のみのブレーキで行う「純電気ブレーキ」が広範囲に実用化（最初の顕著な例は新京成の8800形）した。引き続き、高速回生能力の車両側での付与と饋電側での対応が、蓄電装置を絡めて、広義の電気車である内燃動力車の分野まで進みつつある。

　公共交通利用システムの基本的な仕組みが研究としてはほぼ固まった。ただ、現実には交通系カードのさまざまな思惑や事業者間の関係もあり実用化は日本、スイスともに広く進んでいるとは言えず、鉄道事業者以外を巻き込んで進行中である。非常に多面的な公共交通システムを全体として評価する手法も、この期間に確立することができた。これらの成果は、寄附講座の日本人の客員メンバーに負うところが大きいのである。

定年後に工学院大学で電気鉄道講座を復活

　東大の定年を2年ほど残して東大電気での5年先輩の教授だった工学院大学の河野照哉先生（1934-2018）から、しばらく途絶えている電気鉄道関連の講座を復活しないかという、願ってもないお誘いを受けた。工学院大学には鉄道省の電気車両の大先輩でもある山下善太郎教授（1893-1980）がおられたことは承知していたが、年が離れすぎていて直接教えを請うたことはなく、電気試験所から移られた竹内五一先生には単相交流電気車の整流回路理論を学外での委員会で学んだことがあった。

　このような場で、しばらく中断していた電気鉄道の研究室を復活させる仕事は大変やり甲斐があり、着任の前年から客員教授として加わることになった。

第2章 鉄道研究者としての道

1 部外者も活躍できた時代

軽快電車の開発（1978〜1980）

　1960年代は日本の鉄道の激動期といっても良い時代だった。国鉄は輸送力増強を迫られ、遅れていた近代化を電化や線増でなんとか進め、国の経済を支える東海道本線では、複々線化の一環として新幹線の建設を進めていた。民鉄の郊外電車は都市人口の急増と住宅地の郊外への展開に合わせた輸送力増強を、線路への大きな投資余力がない中で、高性能車やダイヤの工夫で乗り切るのが精一杯だった。

　一方自家用車が普及し、かつては便利な乗り物として栄えていた都市内の路面電車は、自動車から邪魔者扱いされ、道路渋滞で速度が低下する中で、古くさい乗り物として廃止が全国的に進んでいた。存続している路面電車は、廃止する都市からの中古車がタダ同然で入手できるから、高価な新車を作る必要もなかったが、西日本鉄道北九州市内線以後大規模廃止計画もなくなり、中古車の供給もなくなれば後は安楽死を待つだけという状態だった。

　このような中で、近代的ライトレール（LRT）のニュースが海外から伝えられると、都市交通関係者の中から都市軌道交通再生の動きも少しずつ広まりつつあった。こうして小規模ながらナショナルプロジェクトとしての軽快電車の構成要素を開発する研究が日本鉄道技術協会（JREA）の1978〜1980年にわたる3年度計画でスタートした。通常なら非公開のこの手の委員会の活動は終わってから初めて一般に知らされるのであるが、何と初年度が進行中という初期の段階で、私案としてではあるが鉄道ピクトリアル誌に発表している。

　「生まれ変わるにはネーミングが大切」と国鉄OBで高名な鉄道ファンでもあったJREA専務理事の西尾源太郎氏（1920-2007）が『軽快電車』と名付けた。古い「路面電車」に対して、"のろい／はやい"、"うるさい／静かな"、"きたない／明るい"、"窮屈な／快適な"、"あてにならない／信頼される"システムを実現するべく技術要素の開発を進めた。議論が始まったばかりではある

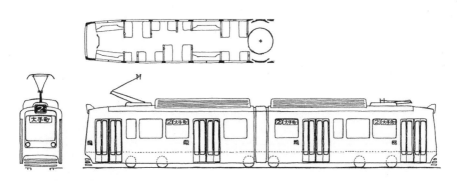

図 2-1　『軽快電車予想図』
鉄道ピクトリアル誌 1979 年 1 月号に「軽快電車の一案」として掲載した車両図。

が、車両の予想図（図 2-1）まで掲載されている。実際には後にできた広島電鉄 3500 形（図 2-2）や長崎電軌 2000 形（図 2-3）では大幅に異なるものにはなったが……。

すでにオーストリアやドイツには超低床 LRV[1] も登場してはいたが、あえてこのようなものに飛びつく冒険はせず、20 年間新製がストップしていた遅れを取り戻し、LRV 輸出案件への手助けも兼ねる方針を採った。

できるだけ電気的な制御で路面走行に適したシステムにしようと、120kW のモーター 1 台で 2 軸駆動にして空転・滑走を防ぎ、鉄道車両ならほぼ不要な路面走行ならではの俊敏な動きに対処できる制御器や、運転士の両手の使い方まで議論した結果、やや特殊な AVF チョッパ制御を採用することになった。2 車体 3 台車の高性能 LRV として設計していたが、試験を担当していた広島電鉄が、どうせ造るなら実用したいというので、開発中の 2 車体 3 台車に、急遽広電の中間車体と T 台車一つを追加することになり、結果的に加速特性が不足して軌道線では使い難くなったりもした。一方の長崎では動台車・付随台車各 1 台のボギー車として実現した。

試験等で開発メンバーが広電を訪れた際のエピソードがある。

（1）　西広島以遠の鉄道線にはおなじみの ATS 地上子。広電の関係者がこん

1）ライトレール（Light Rail Transit, LRT）に対して、その車両（Light Rail Vehicle, LRV）を指す

図2-2 広島電鉄の軽快電車 3501
前後の A、B が JREA 所属、中間車 C が広電の所属だった。(荒手車庫 1980.8 越智 昭)

図2-3 長崎電軌の軽快電車 2001
2両が作られ、増備計画もあったが、コスト面保守面から見送られた。(浦上車庫 1980.7 筆者)

な簡単なものでも〇万円もして高い、と嘆いたのを聞いて、国鉄関係者が絶句。なんとさらに数倍も高く買っていたのだ。

　(2) 日本で見慣れた床下を見た後でドルトムントからやってきた元西ドイツの路面電車を見て、車軸が極端に細いのに一同びっくり。余裕を許容する日本式文化と、これを無駄として排除するドイツ式文化の差に加え、鉄道流をそのまま軌道に持ち込みたがる傾向の日本メーカーの担当者にもよい薬になった。

リニア地下鉄の開発 (1976 〜 1981 〜 1985 〜 1987)

　筆者が本格的に鉄道システムの開発に取り組んだのがこのプロジェクトである。日

立製作所が独自に 1976 年から水戸工場で開発に取り組んでいたものが、実用可能性が高いとして JREA が委員会を設けて評価を始めた 1981 年頃から外部の委員として参加していたのだが、いよいよ大都市の地下鉄用として本格的導入を目指して日本地下鉄協会（JSA）を舞台に開発・設計を展開することになった。

　鉄輪鉄レール方式で車体の支持と案内を行い、駆動とブレーキはリニアモーターで直接地上・車両間の力を出す方式である。近年一部には意図的にリニア地下鉄方式自体が日本の発明であるかのような主張も見られた（この主張で電気学会が「でんきの礎」に選定するという汚点を残してしまった）が、これは事実ではなく、カナダのトロントの郊外 Scarborough で操舵台車とリニアモーターの組み合わせの小型地下鉄として、本格的地下鉄よりも建設費が安く、路面電車よりも大容量の乗り物として UTDC 社（現アルストム社）製の中量輸送システムを採用することが決まり、1984 年にさまざまな試乗会等を経て 1985 年には本格開業している。国内では、カナダでの開業後のトラブル、特に操舵台車関連の車輪・レールの異常摩耗も把握済みで、この問題も解決できる見込みのうえで、日本で最初の学界主導での開発が始まった。

　この開発では、総合研究会の下に三つの研究会を設けた。扁平なリニアモーターを用いることで床から天井までの高さを十分に確保しつつ、地下トンネルのサイズを縮小することで建設費を安くすることが最大のねらいで、これの「ケーススタディ研究会」を東工大 菅原 操 教授（土木）が、「安全評価研究会」を東大 井口雅一教授（機械）が、具体的な最適設計やその試験線での確認をする「開発経済研究会」を筆者 曽根 悟（東大電気）が主査として担当することになった。

　このように話が進んだのは、国鉄関東支社長を最後に国鉄を退職し、大阪市交通局長（1962.6-1968.2）に就任した今岡鶴吉氏（1908-2001）の働きが大きかった。この今岡氏と開発初期から日立でこのシステムを提案・推進してきた安藤正博氏（1938-2016）の熱意に助けられて設計や試験は順調に進んだかに見えた。

　しかし、大阪（当初の鶴見緑地線、現 長堀鶴見緑地線）でも東京（当初の都営 12 号線、現 大江戸線）でも地下鉄建設計画はすでに進んでいて、開発の完了を待たずに「小断面トンネルありき」の前提で見切り発車をしてしまった。

図2-4　スイスFO鉄道の斜張架線
スイスでは車窓からの景観を楽しむため、架線柱を減らしなるべく景観の悪い方に建てる原則があり、そのために斜張架線は有効。（Diseitis付近1997.3　筆者）

リニアモーター方式に失敗しても回転型モーターで構成できる小断面地下鉄建設工事を進めてしまい、床面高をレール面上700mmの小型車として開発していたのに、850mmの中型車用のプラットホームを含む駅構造物を勝手に造り始めてしまっていたのだ。この結果、プラットホームから傘を伸ばせば電車線に届きかねない位置になり、あわてて駅部の開削トンネルだけ高くして駅部では電車線を高くしたうえでプラットホームとは反対側に寄せるなど安全上の工夫で乗り切ったのだが、中吊り広告が頭にぶつかってしまうような窮屈な天井になってしまった。

　そのうえ、機械工学の専門家たちはカナダでの失敗を再現させない自信を述べていて、独立車輪や半独立車輪、各種の踏面勾配の車輪やいくつかの操舵台車の試験までしたにも関わらず、見切り発車で軸距[2]の長い台車を採用したこともあり、結果的には今でもレールの波状摩耗とそれに起因する騒音に悩まされ続けているのは大変残念である。

　ここで、本来の開発・試験とは直接の関係が薄い設計秘話を紹介したい。

　大阪南港の埋立地に試験線を造ることになった。急勾配・急曲線に強いことが、既成市街地に後から掘る地下鉄を安く、しかも便利な位置に駅が造れるという特徴になるからと、試験線には半径50mの急曲線と60‰の急勾配を設置することにした。本番では主として小断面トンネルに剛体電車線を設置して集電するから、電車線自体は主要な試験・開発項目ではなかったのだが、国鉄流

2）〜台車の前後軸の距離　長いと急曲線を曲がる際に問題が起きやすい

図2-5　大阪南港試験線の斜張架線
スイスをまねて試験の見学者からの視界を考えて試験線の目的外ではあるが
斜張架線を作ってもらった。(1988.11　石本　隆一)

に造ればコンクリート柱の壁の中を走るようなことになるし、京阪流に電柱を
半減しても目立って改善される程ではない。そこであえてスイス流の斜張架線
(図2-4) を勉強して造ってもらったのである (図2-5)。あとでパンフレット等
に試験線の急曲線区間での写真が広く使われることになったので、これは大変
良い結果であった。

スーパーひかり 300 系の開発

　国鉄は将来の北陸新幹線用の車両の構想を持っていた。明治時代の東京—大
阪間の中山道ルート以来、碓氷峠をどのように越えるかが最大の課題だった。
電車の時代になっても同様で、軽井沢から高崎に至る約30kmにわたる30‰
の勾配、標高差約800mをどのように下るかが最大の問題なのである。電力回
生ブレーキで発熱を伴わない下り方、万一回生ブレーキが継続できない事態が
生じたら、摩擦ブレーキだけでも安全に止まれるシステム、というのが基本構
想だった。
　東海道新幹線を担当することになったJR東海は、この構想を引き継いで東
海道新幹線の0系、100系以後の軽量高速車両300系を造ることにした。新幹
線を持つ本州3社は、新幹線技術・サービスの遅れを認識していたから、当面

図2-6①　300系の試作編成
当初は2M1Tの各ユニットにパンタグラフがあった。集電音と集電特性を考慮し、パンタ数は5→3→2と変化。（東京運転所 1990.3 鉄道ピクトリアル編集部）
図2-6②　300系の試験にもしばしば立会
議論を繰り返しさまざまな改善もされたが、車内騒音問題は最難関の課題だった。（1993.11　筆者）

は100系をベースにしてJR西日本は新幹線史上最もサービスレベルの高い100系V編成を、JR東日本も200系に100系の要素を取り入れた2階建て個室を含むグリーン車・カフェテリアを導入したH編成を造りつつ、並行してスピードアップに繋げる技術開発を急いだ。

　JR東海は、半径2,500mの急曲線が多く上下線間距離が4.2mと狭いなど、東海道新幹線の線路条件が悪い中での高速化を急ぎ、会社設立の翌年には「スーパーひかり」の開発に着手して、直通先のJR西日本はもちろんのこと、筆者を含む多くの社外の人材を集めて開発を進めた。

　開発目標は、画期的な軽量化を第一において、最高速度を270km/hに設定し、0系での220km/hと同等の振動・騒音レベルを270km/hで実現するために0系の積車重量64tから45t程度に納めることにした。軽量化のためには、重い直流モーターとブレーキ用の抵抗器に目を付け、遙かに軽い交流モーターを用いて交流回生ブレーキの導入で抵抗器を廃止することにした。16両編成の全重量を最低にするために、2M1Tのユニットを5組、他に1両のT車という構成がベストと予測した。軽いはずのT車に変圧器を搭載することで軸重バランスもとれると考えた。

　ところが開発を進めるうちに、モーターと変換器の技術が急速に進んで予想以上に軽くなり、一方のT車は100系T車が採用した渦電流ディスクブレー

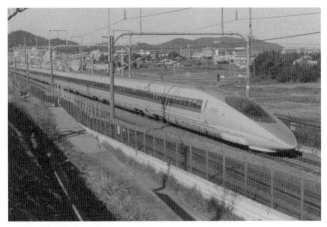

図 2-7　500 系新幹線
東海道で運用を開始した翌日、坂野坂トンネル西口の 1006A（1997.11.30
白井良和）

キを改善しても、大きな運動エネルギーを処理するブレーキ系の軽量化が進ま
ないという原理的な壁に突き当たり、（2M1T）×5＋T という構成自体が失敗
だったとわかった。この時点で、JR 東海としての開発タイムスケジュールか
らもはや引き返すことは不可能だった。一緒に開発を進めていた JR 西日本は
ブレーキにしか寄与しない T 車が M 車よりも重くならざるを得ないことが判
ると、当然のようにより高速を狙っていた 500 系をすべて M 車で作ることに
した。

　軽量化・低重心化のために車体はアルミ製に、天井裏の空調設備を床下に移
して全高と重心を低くし、車輪径を減らし、走行抵抗低減のために床下機器を
塞ぎ板で平滑化するなどの手法は新幹線の全社に波及した。

　開発を急いだための問題は多発し、著しく大きな車内騒音、初期故障による
事故、居住性上の問題等も出たが、軽量化と低保守化の両立という基本的優位
性は確認され、鉄道友の会のローレル賞も受賞した。

　開発に関わってきた筆者は、JR 東海が 300 系を説明するパンフレットに寄
稿したり、国際会議での動力分散車の優位性などを発表（p.41 脚注参照）して
世界に分散動力による高速車を広める活動なども主体的に行ったが、このこと
については次節で記述することにしたい。

2　新幹線との付き合い

卒論も学位論文も新幹線がらみ

　筆者が電気工学科で卒業研究に取り組んだのは、開発中の新幹線最大の問題ともいうべき集電・パンタグラフ問題だった。

　この問題はその後筆者が大学院に進学した後も尾を引き、若い院生も鉄道電化協会の委員会に参加してホットな議論に加わった。いよいよ工事開始のタイムリミットという段階になって、国鉄電気局電化課の若手の技師からの最後の手段的な提案があり、「もうこれしかない」ということで無事にひとつのパンタグラフで数日間は走れる程度には解決された。その方法とは、本来ひとつのセクション［⇒饋電］を、連続したふたつのセクションに分け、その列車全体の大電流ではなく、自分のユニットの電流だけを切るようにしたうえで、さらに抵抗で電流を絞るという、構造が複雑で架線の保守も大変な方法だった。これも含めて、東海道新幹線の集電システムは決して成功とはいえないままの見切り発車的開業であった。実際に電車線切断事故は多発し、そのたびに数時間不通になった。

　安心できるようになったのは、饋電システムとしては吸上変圧器（BT）饋電から単巻変圧器（AT）饋電に変更した1991年、集電システムとしては多数パンタグラフによるユニット毎の単独集電から、列車の全電流を二つのパンタグラフを並列にして集電する1993年頃のことで、もう国鉄は消滅してJRになってからのことだった。

若い院生が活躍できた、良き時代

　大学院生としても、電気鉄道の仕事は山ほどあった。世界の高速鉄道はイギリスのHSTが非電化のディーゼル運転、イタリアがフィレンツェ―ローマに建設を進めていたDirettissimaが当初直流3kVという例外はあったが、他はすべて25kV程度の50Hzか60Hzの交流か、ドイツなど5カ国だけの特殊な低周波（16.7Hz）交流15kVである。1980年頃までは駆動用のモーターは直流モーターだったから、単相交流を集電して車上で直流（脈流）に変えるという鉄道

以外には例のない方法[3]で大電力を扱うため、議論すべきことが非常に多いのである。このため、不完全な脈流（脈圧）と呼ばれる直流もどきで回るモーターにも、単相交流から脈流を作る整流回路にも従来の理論、つまり交流側は多相で直流側は完全に平滑な電流という理論では扱いきれないことが多くあった。

　専門的になりすぎるので詳細は省略するが、筆者の修士論文は単相整流回路の負荷が脈流電動機の場合の回路を解くための等価回路の提案で、今のように計算機上で強引に解く方法は計算機の能力から不可能だったため、脈流モーターを電池とインダクタンスとで代表させることで、実用的な近似計算を可能にした。インダクタンスを大きくすればモーター側は楽になるが、交流電源側は力率低下、高調波増加で特性が悪化するので、現実的な解を探せるようにしたのである。

図 2-8　日本発の提案として完成させた IEC 文書 411-2
駆動用単相整流器の特性に関する文書は筆者を中心に日本が担当して作成した。

　この分野、つまり単相整流回路で脈流（脈圧）モーターを駆動する方式で出来る限り軽量化したいという設計法は日本が世界をリードしていたこともあって、国際標準には消極的な当時の日本の鉄道業界の中で、単相整流回路の特性計算法を日本から提案することになり、山田直平教授の指導の下で国鉄車両設計事務所や三菱電機の若手技術者とともに日本発としては大変古い時代の IEC 文書 Pub.411-2（図 2-8）を完成させた。

　電気学会で学術的研究を発表する傍ら、鉄道電化協会、日本鉄道技術協会（JREA）等で現場的開発研究やノウハウの勉強をするのも面白く、さらに副業的に列車ダイヤの研究等にも取り組ん

3）大電力の直流を用いる電気化学分野では 3 相交流を電源としている

でいたので、大学院の 5 年間はあっという間に過ぎてしまった。最終学年に近づくと学位論文への纏めも必要になり、あまりに広範囲の広く浅くでは博士論文にはならないので、単相交流で大電力を用い、しかも負荷が直流に近い脈流・脈圧モーターという特殊な回路の分野に限定して纏めることにした。

　大学での若手研究者としての鉄道界への影響の他の例もここでついでに記しておきたい。軽快電車、リニアメトロや 300 系のように直接開発に関わったわけではない例を一つだけ述べることにしよう。それは新幹線の列車ダイヤについてである。

新幹線の列車ダイヤ

　列車ダイヤの研究にはもともと大きな興味を持っていたが、民鉄と比べて利用者利便性が低い国鉄のダイヤ、中でも世界を代表する鉄道でもある新幹線が、ダイヤの面でも行き詰まりを見せている中で、発言しないわけにはいかない、との思いも強かった。

　新幹線のダイヤは 1992 年に「のぞみ」が登場するまでは開業時からの 1 時間あたり「ひかり」1 本、「こだま」1 本の 1-1 ダイヤから次第に増発を繰り返したが、東京駅の着発線数が 5 本だったこともあり、当時は 5-5 ダイヤの 5-4 パターンでこれ以上の増発はできないとされていた。このダイヤでは、ひかり 5 本は満席、かたや人気のないこだま 4 本はがら空きの状態だった。さらに車両も開業以来の 0 系しかなく、多様なサービスはしたくてもできなかった。

　当時の JREA 誌には『私の提案』という、プロもアマも自由に議論できる優れた企画があって、国鉄の車両設計技師だった北山敏和氏から「新幹線の輸送力増強の必要性が強い中でいつまでも 0 系ではなく、回生ブレーキ導入で軽量化したうえで長い 2 階建 T 車と短い平屋 M 車の 2M2T ユニットを用いて座席数を大幅に増やす提案」があった。

　そこで筆者はそれを受ける形でダイヤと車両の両面からの改善の可能性を論じ、そこでは 6-4 ダイヤや連節 2 階建車を含むさまざまな改善の可能性を展開した（図 2-9）。

　このような議論は、電気系に限らず広く情報科学に興味を持つさまざまな大学院生と一緒に考える面白いテーマでもあり、学内で「情報科学セミナー」を

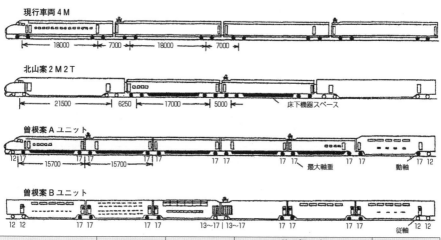

	現行車両 （4両分）	北山案 （4両）	曽根案		備　考（*印）
			Aユニット	Bユニット	
全　　長	100m	100m	100m	100m	互換性あり
満員時重量 （定員時重量）	272 t *（256 t）	276 t（256 t）	228 t	B_0:210 t B_1:214 t B_2:218 t	最大重量はこの値 を超過している
主電動機出力×個数 全出力（制御装置出力）	185kW×16 2,960kW	370kW×2 2,960kW	275kW×12 3,300kW （4,400kW）	275kW×0/4/8 2,200kW （0/1,100/2,200kW）	
最大軸重（定員時軸重）	17 t *（16 t）	17.5 t *（16 t）	17 t	17 t	*設計方針から推定
粘　着　重　量　率	100%	49%	89%	62〜65%	
パンダグラフ間隔	50m	100m	A：47m, A-B：84m, B-B：100m		
満　員　時　比　出　力	10.88kW/t	10.72kW/t	14.47kW/t	10.09〜10.48kW/t	
台　車　中　心　間　隔	17.5m	17m, 21.5m	15.7m	15.7m	
床下機器スペース	12.5m×4=50m	12m×2=24m	10.6m×5=53m	—	
16両ひかり編成総出力 比出力 1ユニット出力 1ユニット故障時比出力	11,840kW 10.88 1,480kW 9.52	11,840kW 10.72 2,960kW 8.04	AB_1B_1A：11,000kW AB_1B_1A：12.44 1,100kW（2,200kW） AB_1B_1A：11.20（9.95）	B_2×4：8,800kW B_2×4：10.09 B_2×4：8.83（7.57）	
こだま編成　　総出力 比出力 1ユニット故障時 比出力	（14両）（12両） 10,360kW 8,880kW 10.88　10.88 9.33　9.07	（12両） 8,880kW 10.72 7.15	（AB_1A 16両相当） 11,000kW 12.39 12.39（11.15）*	（AB_1A 12両相当） 8,800kW 13.13 13.13（11.49）*	*予備電源が使 用できず4動軸 カットの場合
過渡時のこだま編成 総　出　力 満員時重量 比　出　力	A＋在来4両 6,260kW 500t 12.52	A＋在来6両 7,740kW 636t 12.17	A＋在来8両 9,220kW 772t 11.93	A＋在来10両 10,700kW 908 t 11.78	

図 2-9　「私の提案 列車ダイヤと車両とを総合的に考慮した東海道新幹線の輸送改善策」に掲載し
　　　た北山案と曽根案の車両・主要諸元の比較

【付記】車両面では、輸送力の不足だけでなく、列車によっては過剰なものもあったので、可変編成にする
こと、300系はおろか100系さえもがない時代に、0系が定員乗車で軸重16tの設計にしたため、自由席を設
けて以来大幅な軸重オーバで線路の造り直しが必要になったので、軸重の上限を17tにして、全体の重量を
減らすことを念頭に置き、0系の50m間隔のパンタが集電特性を悪くしていたのでパンタ間隔にも配慮した。

立ち上げて院生とともに多様なダイヤの可能性を考えてみたのである。こうして院生 4 名との連名で再度 JREA 誌に発表した論文になった（図 2-10、図 2-11）。多くのダイヤ案を出した当時の院生たちはそれぞれの分野で学者として技術者として活躍をしている。

　このような形で「良いサービス・良いダイヤとは何か」を論じる中で、例えば 100 系のダブルデッカーの階上と階下の使い分け、その後の新幹線ダイヤのプロとアマとの協働によるブラッシュアップに繋がり、結果的には出来ないと言われていた 6-4 ダイヤなども実現したのである。

分散動力車の利点が明白になった 300 系新幹線を世界に

　直流モーター時代には日本式の動力分散電車は経済性が低いというのが国際常識でもあったが、ここでこの常識を覆すべく、筆者は 1994 年にパリで開かれた第 1 回世界鉄道研究会議（WCRR）[4] に出席して、動力集中／分散の優劣比較論を発表した。ここでは、高速車両としては大きな運動エネルギーを処理しなければならないブレーキの観点から、電力回生ブレーキを用いる動力分散式が圧倒的に有利であることを、日欧の実際の高速列車の有効床面積当たりの質量という共通の指標を用いて明白に示した（表 2-1）。

表 2-1　動力集中・分散と軽量化等の関係の実例による比較

動力方式	国	鉄　道	車　両	営業開始年	編　成	編成質量 t	客室面積 ㎡	床面積あたり 質量 t／㎡	定員 人
動力集中式	フランス	SNCF	TGV-A	1989	L・10T・L	473	505	0.937	485
	ドイツ	DB	ICE1	1991	L・14T・L	931	1,002	0.929	759
	国際	SNCF/ BR/SNCB	Eurostar	1994	L・9T・9T・L	800	913	0.876	794
動力分散式	日本	国鉄	200系	1982	12M	703	826	0.851	885
	日本	JR東海	300系	1992	10M 6 T	710	1,215	0.584	1,323
	日本	JR西日本	500系	1997	16M	700	1,196	0.585	1,324

WCRR で発表した元の日本語版。

4) WCRR（World Congress on Railway Research）第 1 回パリ会議 1994。これは第 1 回だが日本の鉄道総研の呼びかけによるもので、論文非公募の第 0 回が 1992 年に国立で開かれたのがきっかけで開催されている会議で、S.Sone, "Distributed versus Concentrated Traction Systems：Which can better meet the needs of customers and operators?", WCRR, Paris 1994 を発表した。

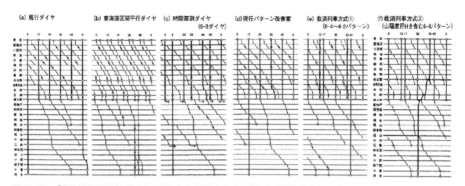

図2-10 「新幹線の列車ダイヤに関する考察」に掲載した各種ダイヤパターン
（出所：曽根　悟、片谷教孝、上田和紀、鈴木　嗣、丹羽伸夫：新幹線の列車ダイヤに関する考察 JREA 23-1 1980）

比較区間	比較ダイヤ	現行ダイヤ	東海道平行ダイヤ	時間帯別	現行パターン改善案	救済列車方式	救済列車山陽直行ダイヤ
東　京―博　多	待ち時間 乗車時間 所要時間 差	0:24／0:06 6:40／7:15 7:07 ―	0:06／0:18／0:06 7:10／7:18／7:38 7:34 ＋27	0:24／0:06 6:40／7:15 7:07 0	0:24／0:06 6:43／7:15 7:10 ＋3	0:30 6:40 7:10 ＋3	0:30 6:28 6:58 －9
東　京―新大阪	待ち時間 乗車時間 所要時間 差	0:06 3:10 3:16	0:02／0:04 3:40 3:43 ＋27	0:05 3:10／3:14 3:16 0	0:06 3:10／3:14 3:17 ＋1	0:02／0:07 3:10 3:16 0	0:02／0:07／0:09 3:10 3:17 ＋1
東　京―米　原	待ち時間 乗車時間 所要時間 差	0:19*／0:13* 2:37 2:55 ―	0:02／0:04 2:55 2:58 ＋3	0:10／0:16* 2:28／2:35 2:46 －9	0:16*／0:12* 2:34／2:28 2:46 －9	0:18*／0:20* 2:31／2:35 2:51 －4	0:18*／0:20*／0:22* 2:31／2:35／2:31 2:52 －3
東　京―豊　橋	待ち時間 乗車時間 所要時間 差	0:06／0:12 2:19 2:30 ―	0:02／0:04 2:00 2:03 －27	0:10 2:19 2:29 －1	0:06／0:12 2:14 2:22 －8	0:07／0:09 2:08 2:15 －15	0:07／0:09 2:08 2:15 －15
新横浜―新大阪	待ち時間 乗車時間 所要時間 差	0:15*／0:21* 3:39 3:55 ―	0:02／0:04 3:22 3:25 －30	0:16* 3:35 3:51 －4	0:12*／0:18* 3:30／3:34 3:45 －10	0:14*／0:16* 3:23 3:38 －17	0:14*／0:16*／0:18* 3:23 3:39 －16

図2-11　各ダイヤの所要時間の比較
＊印は乗り継ぎのための待ち時間を含む
待ち時間、乗車時間の数字が２つ以上あるのは、不等間隔か異なるパターンの利用によるもので、所要時間は全体の期待値である。数字は四捨五入により分単位で表示
差は現行ダイヤとの所要時間の差（単位：分）東京―博多の所要時間は山口、福岡県下の徐行解除後の値を用いた
【付記】ダイヤ面では東京０分発の W ひかりばかりが混むのを何とかしたい、と敢えて悪そうな平行ダイヤまで比較に挙げて論じた。開業以来のひかり／こだま同数から抜け出す必要も感じ、コムトラックの改修（当初は「こだま」が「ひかり」に抜かれると自動的に「こだま」が出発する論理になっていた）も念頭に、6-3ダイヤや6-4ダイヤを集中的に論じた。ここでのパターンは朝から夜までのものだが、実は東京―博多間が６時間40分も掛かる当時としては、各種車両のBユニットの幾つかは夜行列車として低速走行も念頭に置いていたのである。また、昼は少しでも山陽新幹線地域に速く着けるように、東京から２本束にして出す中には、名古屋と京都とを通過する案もあって、後に理由は異なるが、早朝の「のぞみ」がこのパターンを採用して JR 東海の本社所在地である名古屋で大騒動になってしまった。

　これはかなりの関心を呼んだようで、今では世界の高速鉄道路線長の 2/3 を占める中国が動力分散式に限定して開発する方針に変えた。

　これまでもドイツの鉄道技術者達は、日本の主張である「機関車方式よりも 151 系こだまなどの電車がよい」との主張を懐疑的に聞いていて、直流モーター時代にも日本の主張の真偽を確かめようと、4 両編成の 1 等車だけの 200km/h 運転用の編成を ET403 という全電動車編成で作ってみて、初期コストから保守費まで比較したこともあった。ドイツでの結果は、日本の主張を覆す「やはり動力集中の方がよい」との結論になった。

　その後ドイツでは、集中動力の ICE1 と ICE2 を作ったのだが、フランスの TGV との相互乗り入れの議論に際して、TGV 用の路線 LGV では TGV の最大軸重 17t しか許容できず、このため集中動力の ICE2 と同目的の分散動力の ICE3 を作ることになった。この結果、ドイツ自身が交流モーター時代の優劣比較を行い、有意な差をもって ICE3 が優れていることを認識し、製造中の ICE2 の分も ICE3 として作ることになったのである。

　中国は交流モーター時代になってから高速鉄道分野に参入したから、最初から TGV は導入対象から外し、日本の E2 とドイツの ICE-3 をベースにして世

図 2-12　DB が日本の主張を検証するために少数製作した全電動車編成 ET403
直流モーター時代には動力集中式がよいことを実証し、小輸送力全 1 等の特性を活かして Lufthansa 航空の国内線扱いの列車になった。
（Düsseldorf 1991.11　筆者）

界一の地位を確立している。このように、300系は世界の高速車のあり方を決定的に変えることになった車両だったのである。

　なお、300系が早く姿を消した理由は10M6Tにしたことが失敗だったことも一因で、摩擦ブレーキを嫌って渦電流ディスクブレーキを搭載したT車が、M車よりも重くなるうえ、モーターはばね上なのに渦電流ディスクはばね下で、軌道破壊の点で非常にまずいことが明白になった。

　これに対してJR西日本は500系を全M編成にし、JR東日本は渦電流ディスクブレーキは使用しないこととした［⇒車②］。JR東海の開発者としては、仲間とはいえ、良い部分を横取りされたとの意識を持っても不思議ではなく、その後のさまざまな500系に対する嫌がらせや意図的な無視ともとれる行動とも無関係ではなさそうだ、と見るのは勘ぐりすぎだろうか。

3　鉄道雑誌との付き合い

鉄道ピクトリアル誌との出会い

　最初の鉄道雑誌への寄稿は、読者短信のような欄への投稿を別にすれば、1968年のことだった。全く無名の私を編集部に推薦して下さったのは編集委員の中の東大鉄道研究会OBであった海老原浩一氏か和久田康雄氏であったと思う。編集部からの依頼は、運輸省の通達によって大手民鉄の主要区間に導入することになった民鉄型ATSについて、技術資料があるからその解説をして欲しいというものだった。

　ATSで先行していた国鉄は、1962年の三河島事故をきっかけに、それまでの車内警報装置をベースに自動停止機能を付加して、1966年、全国20,000キロに設置し終えたものの、確認ボタンを押した後は機能がなくなるという本質的な欠陥に起因する事故以外にも、スイッチを切って走ったための事故が頻発するなど問題が続いていた。この欠陥を解消すべく大手民鉄へ通達されたのは、仕様を満たせる現物が全く存在しない中での「機能仕様」だった。そのため民鉄16社は関連メーカーと相談しつつ、結果的に16種ものATSができてしまった。これらをひととおり分類・整理したうえで、バックアップ装置としての能力比較を試みたのだが、その執筆の手法が珍しかったのか発行直後にはさまざまな反響を頂くことになった。

図 2-13　「私鉄 ATS 評説」：鉄道ピクトリアル誌 Vol.18、No.5　1968

　その手法とは、「意図的に先行列車に追突させようと考えて運転したらどうなるか」という思考実験だった。この結果、点制御で車上記憶のない N 社の方式では悪意をもって運転すれば大事故も起こせること、H 社の連続制御では抜け道がほぼないこと等を記したのであった。

　なお、この民鉄型 ATS に関しては第 6 章 -1 で詳しく述べているので参照されたい。

専門外の寄稿も…

　ときどき寄稿を頼まれることになり、中には専門分野を離れての寄稿もあった。そのひとつの例が、1984 年の「国電 80 年特集」に寄せた、1971 年 4 月 20 日の常磐線と千代田線との "相互乗入れ" という記事である。変な標題なのには裏がある。もう時効だろうからタネ明かしをすれば、もともとのタイトルは "迷惑乗入れ" だったのだが、編集部の国鉄への忖度で、発行間際に著者の

了解を得て「"迷惑乗入れ"」を「相互乗入れ」に変更する際に「"　"」を外し忘れた結果なのである。

　内容は、需要予測を大幅に誤って快速の積み残しで廃車予定の72系を臨時にカムバックさせたり、そもそも快速停車駅の客は上野へ、通過駅の客は千代田線へと乱暴な系統分離をしながら北千住での便利な乗換という当然の配慮を怠ったことなどのシステム設計のミスを指摘していて、この問題は今でも尾を引いているのである。2019年には常磐線が130年を迎え、2020年には福島第一原発の事故での不通区間もなくなって、鉄道博物館では「常磐線展」を開催し、A4版で90頁に及ぶ立派な記念冊子の出版もしているが、ここでも"迷惑乗り入れ"が紹介されているのである。1986年の鉄道事業法で2種3種の鉄道が生まれた際に綾瀬—西日暮里（国鉄駅は相互乗り入れと同時に開業）を2種にしたうえで日暮里乗換と西日暮里乗換の選択乗車に指定していれば、その後の改正バリアフリー法への対応が困難な北千住駅乗換問題も、駅員さえ説明できない複雑怪奇な運賃問題も解消できていたはずなのである。

国鉄問題深刻化の時代と鉄道ジャーナル誌

　1980年代に入ると国鉄問題は誰の目にも大変な問題と映るようになった。伝統的鉄道ファン向けのピクトリアル誌とは違って「鉄道の将来を考える専門情報誌」を標榜する鉄道ジャーナル誌ではいち早く国鉄の将来のあり方を模索し始めた。

表2-2　鉄道のあるべき姿を求めての寄稿例

1980年代の鉄道に望む技術	1980
「1980年代の鉄道に望む技術」を読んで（久保田博）	1980
「1980年代の鉄道に望む技術」に対する久保田氏のコメントに再論	1980
鉄道サバイバル技術 輸送サービス改善の考察	1980
スピードアップへの提案	1981
スピードアップを考える（山之内秀一郎氏との対談）	1981
国鉄の危機とアマチュアの役割	1983
新幹線に期待する—今後10年に実現させたいサービスと技術—	1984

『1980年代の鉄道に望む技術』では「鉄道」と表現してはいるが、対象を「国鉄」と明記したうえで、硬直化してしまったダイヤなどの結果としての国鉄離れの原因を論じ、鉄道ジャーナル誌のような社会派ジャーナリズムの役割が大切な時代になって、総合技術としてのあるべき方向を示した。臨時列車が減少し、長編成の定期列車ばかりで無駄な輸送力が目立ち始めたこともあり、輸送力の柔軟化、高速化、低コスト化を可能にする必要性を論じている。

　ジャーナル誌らしく、後に国鉄幹部の一人となった久保田博氏（1924-2007）からの反論と、それへの再論もあった。

　同年中に寄稿した『鉄道サバイバル技術　輸送サービス改善の考察』は、43.10ダイヤ[5] から53.10[6] までの間に、ダイヤをはじめ指定券発売システムなどが著しく使いにくくなり、ちぐはぐな輸送力不足と過剰が混在し、高コスト化が急速に進行するなど、このままではますます国鉄離れが進みそうな中で、ダイヤのあり方を主体に改善策を論じている。

　この中で具体的に提案した回送列車の活用例では4年後に登場した「ホームライナー大宮」もあった。引き続き翌年には「スピードアップの提案」に基づき、運転部門のトップであった山之内秀一郎氏との対談なども企画された。

JREA誌との長い関わり

　電気、車両、施設、運転などの国鉄の局に対応する専門分野にはそれぞれ協

表2-3　国鉄末期約10年間のJREA誌への寄稿

タイトル	サブタイトル	巻	号	発表年
列車ダイヤと車両とを総合的に考慮した東海道新幹線の輸送改善策		21	1	1978
電車・気動車の総括制御と取扱統一を		22	1	1979
新幹線の列車ダイヤに関する考察	［院生4名との共著］	23	1	1980
駅の今後のビジョン		30	3	1987
特別寄稿	快適通勤への設計図	31	9	1988

5）ヨンサントオと呼ばれる国鉄として最後の全国規模で発展した昭和43（1968）年10月のダイヤ改正
6）ヨンサントオの10年後の国鉄の能力低下を如実に示したスピードダウンを伴ったダイヤ（1978年10月ダイヤ）

図2-14 485系特急「雷鳥」に併結されて大阪駅を発車するキ
ハ65形
「ゆうトピア和倉」当時非電化だった七尾線和倉温泉に直通するため電
車併結運転対応に改造。電化区間においてはキハ65は無動力の走行と
なる。(1988.9.13 長尾 裕)

図2-15 JR九州が新製した電車との協調運転用キハ183-1000
観光特急用として前面展望室と電車との動力協調式駆動装置を持ち電化
区間と非電化区間とを直通した。(大村線でのシーボルト号 1999.8
筆者)

会があって、JREAは複
数の部門に跨る総合的
な技術を担当していた
ので、複数の部局に跨
る改善提案を、『わたし
の提案』というシリー
ズを作って積極的に寄
稿を求めていた。提案
には反論や別の提案も
寄せられ、なかなか面
白く、プロとアマ［また
はプロの専門外の分野］
の意見交換に大変有益
な場を提供していた。
　1979年に寄稿した『電
車・気動車の総括制御
と取扱統一を』につい
ては、国鉄にとって必
要で簡単なことである
にも関わらず、総括制
御はおろか、制御電源
などに至るまですべて
が別々になっていて、
こんなことでは将来困
ると考えて提案した。
後にJR北海道には731

系電車と併結するキハ201系（図3-5）ができて提案は実現し、JR西日本（図
2-14）とJR九州（図2-15）には電化区間では電車と併結し非電化路線に直通
する気動車が登場、JR東日本には電車のような気動車が増えたが、全体とし
ては筆者が想定したレベルには育たなかった。

　『駅の今後のビジョン』（1987）では輸送システムとしての立場から、規模を縮小しつつ、乗客の動線に交わりをなくして判りやすくコンパクトな駅を提言して JREA 賞の論文賞特別賞を頂いたのであるが、実際に民営化した後の JR では民鉄の経営多角化を国鉄流に解釈したのか、大きい駅をさらに大きくしてエキナカ商法で手っ取り早く収益を増すという正反対の方向に進んでしまった例が目立った。

　『快適通勤への設計図』（1998）は、首都圏では永遠の課題のように見えた通勤輸送の混雑緩和をはじめとする質的改善を進める具体的な方策を、運輸省と一緒に検討した結果などを含めてまとめたものである。

第3章　鉄道技術・鉄道業界との関わり

1　国鉄系鉄道関係諸協会

国鉄系諸協会とは

　国鉄には就職せずに鉄道技術をライフワークにしようとしていた筆者は、国鉄の技術開発には当然大きな興味を持っていた。若い読者のために、破綻してJRになった遙か前の国鉄の状況や当時の民鉄との関係をざっと記しておく必要がありそうだ。

　新幹線開業（1964年）までの国鉄は、経営的には黒字であり、「公共企業体」という政治的には中途半端な立場でありながら、積極的に経営にもサービスにも改善が見られ、いわゆるヨンサントオ（昭和43.10: 1968年10月）のダイヤ改正までは着実に発展してきた。

　民鉄との関係については、基本技術は国鉄が開発し、応用面では小回りの利く民鉄が先を越すというパターンが定着していた。国鉄の技術開発は、改良に類することは国鉄主導でメーカーと共に部外者なしで実現できたが、新規の技術開発は産官学の英知を結集して、部外委託の研究という形で進めてきた。国鉄技術の中核をなす線路、車両、運転等の技術は対応する建設局、工作局、運転局別に技術協会があって、そこを舞台に部外の専門家の助けを借りて進めるのが基本だった。

　しかし、車両を管轄する工作局の車両課は機関車と客貨車とからなり、伝統的な動力集中方式が基本になっていたから、新時代には組織・人材面ともついてゆけず、近代車両に関しては臨時車両設計事務所という特別の組織を作り、協会も車両関係ではなく電気関係の鉄道電化協会などが中心となる体制を組んでいた。

鉄道電化協会での委員会活動

　電気局電化課に対応する鉄道電化協会は、全くの新技術である交流電気車やパワーエレクトロニクスを応用する直流電気車に関しても中心的役割を担って

いた。筆者は委員会活動から発展して 1960 年代に日本からの IEC 文書
（Publ.411-2）のとりまとめを進めたことは前述したが、この舞台になったのは
鉄道電化協会であり、活動はさらに後年まで続いた。

　チョッパ車開発初期の 1967 年夏のある深夜の横須賀線でのこと、チョッパ
装置の試験をしていたところ、ある速度になると制御系の不具合で電車線電圧
に大振幅の振動が発生したので急遽試験を中止したとの速報が入ったことがあ
る。その時の電車線電圧波形を見たところでは、どう考えても制御系の誤動作
ではなく、本質的な発振と考えられたので早速検討してみたところ、起きて当
然の現象だったことが解明できたので委員会でも学会でも報告した。当時の
チョッパは高速スイッチングの能力を活かして素早い応答を目指す考えがあ
り、この試験では電源電圧が変動しても必要なトルクを出し続ける思想で試験
したようだ。解析結果ではこの考え方では電源電圧が上昇すれば負荷電流は減
少することになり、交流的には負の抵抗を持つから、回路の実在の正の抵抗で
安定していた状態を打ち消す効果が強まると必然的に発振してしまうことが
判った。

　実は電機メーカーでもこのことはうすうす気づいていたようで、即応性を持
つ「瞬時値制御」は望ましいが、応答を遅くした「平均値制御」の方が安全だ
という認識だった。筆者らが発表した内容では、「瞬時値制御」は使えないが、
「平均値制御」は過剰防衛であり、発振させない範囲で即応性も持たせる方法
をも示したのである。

　このような活動の甲斐もあり、当時鉄道技術研究所（技研）所属で 1970 年
には名古屋大学でパワーエレクトロニクスの推進役の教授になられた雨宮好文
先生（1922-2010）から、まだ若かった私にこの分野の著書を出すことを強く
勧められた。当時は電力用のスイッチング素子であるサイリスタも SCR(Silicon
Controlled Rectifier) と米国のメーカーの商品名で呼ばれていた時代で、非メー
カーの人間が専門書を出すのはかなりの冒険だったが、1972 年に日刊工業新
聞社から『エレクトロニクス基礎回路講座 No.10 サイリスタ回路』を出版す
ることとなった（図 3-1）。

　この時期の鉄道電化協会は、近代鉄道車両開発の世界的なセンターになって
いた。

図3-1　拙著『エレクトロ
ニクス基礎回路講
座 No.10 サイリス
タ回路』

新しいことに着手したがるフランスは、水銀整流器の時代から交流回生機関車の試作こそしていたが、水銀整流器からはなるべく早く抜け出して半導体の時代を目指していた国鉄では、交直流電車では水銀整流器式は試作のみ[1]で終わり、1960年の実用化からシリコン整流器式に、機関車でもED73までで水銀整流器式は卒業して、ED74では多段タップ切替、ED75では磁気増幅器を用いた位相制御に入り、サイリスタでの位相制御の開発を積極的に進めた。具体的には、重い磁気増幅器式ED75Mをサイリスタ式ED75Sに置き換える計画での試作から勾配線区用のED93（量産車は磐越西線用ED77）、回生ブレーキ付きのED94

（量産車は奥羽線・仙山線用のED78）、北海道の交流電車711系などの開発を急ピッチで進めた。これらは、いずれも位相制御に伴う通信誘導障害に苦しめられはしたが、当初の目的を果たして成功した。

　次の表3-1は、大電力を使いながら負荷が単相という電鉄特有の問題への取り組みである。この分野でも日本の活動は先進的であり、今でも国際規格への日本からの貢献は大きい。

交流電気機関車開発余録
(1) ED45 1 と ED70 との関係

　第1章-2でも記したように、交流電化の初期の試験で三菱製のED45 1が驚異的な特性を示したために、この方式を本命にすることに方針を転換して、日立と東芝もこの水銀整流器式の機関車を追加で作り、試験線だった仙山線での営業とほぼ同時に本格的交流電化の第一号として、北陸線の田村-敦賀間の交流電化が開業した。

　機関車はED45 1のメーカー三菱が作ったED70を用いて順調にスタートするはずだったが空転が多発して大変な苦労をすることになってしまった。

1）試作車が臨時列車として営業運転に使われたこともあった。（図1-22は試運転時のもの）

表 3-1　筆者が主体的に関わった鉄道電化協会の委員会と報告書類【その 1】単相整流器回路

委員会名	委員長	年度	報告書番号	報告書名	発行年月	備考
電鉄用整流器研究委員会　単相整流器回路専門委員会	山田直平	1962	62-7	単相整流器回路の研究	63.3	
車両用 SCR 研究委員会	山田直平	1963	63-5	単相整流器回路の研究	64.3	
車両へのサイリスタ応用研究委員会　単相整流器回路小委員会	山田直平	1966	66-13	車両用単相整流器回路の特性	67.3	
		1966	無番冊子	車両用単相整流器回路の特性	67.3	IEC 60411-2 原案
		1966	無番冊子	Characteristics of single-phase rectifier circuit for use on electric rolling stock Pt. I Diode bridge circuit	67.11	IEC 60411-2 送付版
		1967	無番冊子	車両用単相整流器回路の特性　第Ⅱ編－サイリスタブリッジ回路－	68.11	
車両へのサイリスタ応用研究委員会　サイリスタ IEC 小委員会	山田直平　池田吉堯	1971	無番冊子	IEC SC22D 電気車用単相電力変換装置に対する日本案 (1)	72.7	IEC 61287 原案
電鉄パワーエレクトロニクス委員会　車両部会　単相整流器回路特性分科会	山田直平　池田吉堯	1978	無番冊子	IEC SC22D 電気車用単相電力変換装置に対する日本案 (2)	79.7	IEC 61287-2 原案
		1978		IEC 文書発行年		IEC 60411-2
		1995		IEC 文書発行年		IEC 61287
		2005		IEC 文書発行年		IEC 61287-2

表 3-2　筆者が主体的に関わった鉄道電化協会の委員会と報告書類【その 2】車両用変換器

委員会名	委員長	年度	報告書番号	報告書名	発行年月	製造初年
車両用 SCR 研究委員会　単相整流器回路専門委員会	山田直平・池田吉堯	1963				ED75M
		1964	64-10	車両用 SCR の研究	65.3	
		1965	65-10	車両用 SCR の研究	66.3	ED93
		1966	66-14	車両用サイリスタの研究	67.3	ED75S ED94
車両へのサイリスタ応用研究委員会	山田直平・池田吉堯	1967	67-16	サイリスタ応用車両の諸問題の研究	68.7	ED77 711 試作
		1968	68-8	車両制御無接点化に伴う問題点の研究　サイリスタ応用車両の諸問題の研究	69.3	ED78　711 量産　EF71
		1969	69-14 (1)	車両へのサイリスタ応用に関する研究	70.3	
サイリスタ IEC 小委員会　車両部会	池田吉堯	1970	70-17	無接点制御車の基礎的研究	71.3	
	池田吉堯	1973	73-4 (1)	パワーエレクトロニクス技術の電鉄電力設備への応用に関する研究　車両設備編	73.7	
		1974	74-5	パワーエレクトロニクス技術の電力設備への応用に関する研究　車両設備への応用	74.8	
交流回生部会	池田吉堯	1975	75-15	省エネルギー車両システムの研究	76.3	
		1976	76-10	交流回生システムの研究	77.3	
		1977	77-12	交流回生システムの研究	78.3	
		1980				200 系試作
		1985				100 系

注　製造年 左側の車両は委員会成果［過年度を含む］を用いたもの 右側のものは委員会とは［ほぼ］無関係なもの

表 3-3　筆者が関わった鉄道電化協会の委員会と報告書類【その 3】地上用電力変換器

委員会名	委員長	年度	報告書番号	報告書名	発行年月
車両へのサイリスタ応用研究委員会　電力分科会	山田直平・池田吉堯　池田吉堯	1969	69-14 (2)	第 2 部サイリスタ応用車両の電源系統への影響に関する研究	70.3
電鉄パワーエレクトロニクス委員会	池田吉堯	1973	73-4 (2)	パワーエレクトロニクス技術の電鉄電力設備への応用に関する研究（Ⅱ）地上設備編	73.7

　委員会の中心メンバーの一人、臨時車両設計事務所の入江則公博士（1921-2003）は驚異的な粘着特性を示したED45 1をベースに出力5割増のED70を作った結果、なぜ期待していた粘着特性が得られなくなったかを詳細に分析して、ED45 1ではたまたま電気系と機械系の応答特性が空転後の自己再粘着領域に入っていたが、ED70ではこれから外れていたことを解明した。

　このようなこともあって、当初、日本はフランスが確立した交流電化の技術を盗んだのではないか、との疑いが晴れて、日本の技術力を再確認したというおまけもあった。

(2) サイリスタ機関車 ED78 と EF71

　急勾配用交流回生機関車ED78は試作車ED94で苦労の末所期の特性を得ることに成功した。ところがこのパワーアップ版EF71は委員会の成果を無視して作った失敗作だった。4動軸のED78では列車によっては連続急勾配線での熱容量が少し不足と見て、どうせ4動軸のED78［軸配置B2B］の6軸の全軸を動軸にするEF71を作れば多少粘着性能を落としても与えられた板谷峠向け仕様（計画牽引定数：ED78形単機で300t/最大330t、EF71形単機で430t/最大450t、ED78形重連では熱容量の制限で540t、EF71＋ED78、EF71形重連で

図3-2　板谷峠を行く ED78 ＋ EF71 重連牽引の貨物列車
ED78形は奥羽線福米間と仙山線の本務機、EF71形は福米間専用補機として導入したが、性能上の理由から混用された。（赤岩　1988.11　鉄道ピクトリアル編集部）

は自連力[2)] の制約で650t）には問題はなかろうと安易に考えたようだ。

　入江博士が解明した知識からすれば、EF71で主電動機を直列接続にした主回路を構成するなどは考えられない愚策なのだった。

　EF71の特性に関する問題がいろいろなところから聞こえてきたので、機関車の配置がなく乗務員だけという珍しい山形機関区で運転畑出身の区長H氏を訪ねて実態を伺ってみた。粘着条件の悪い雨天時や積雪時は悲惨で、ED78なら全く問題がない場合にもEF71では運転不能になることがしばしばで、計画数値とはかけ離れた実態が知らされたのであった。

　このような欠陥機関車が後に増備されたのは、粘着上は優れていたED78が連続急勾配の福米線向けとしては熱容量が不足していたからと思われ、そうだとすればED78もこの線区用としては欠陥だったことになる。いずれにしても、縦割技術の国鉄問題を露呈した出来事のひとつだった。

電気系協会誌

　国鉄改革の必要性が叫ばれてから1987年の分割民営化を経て、電気系の協会の統合が進み、元電化協会に通信協会が加わって、巻号を「電気鉄道」から引き継いで誌名を「鉄道と電気」に改めた。最終的により古くからあった「信号保安」（信号保安協会）とも統合して、現在の「鉄道と電気技術」（日本鉄道電気技術協会）として1990年に1巻1号で再出発し、筆者も新しい協会の読者のために技術論説や海外技術情報などを執筆した。

日本鉄道運転協会との関わり

　本節のタイトルが国鉄系諸協会……と始まっているが、鉄道運転協会だけはその中では異例の、国鉄よりも民鉄の会員数が遙かに多い協会である。実質的な営業キロでは国鉄21,000キロに対して民鉄7,000キロだったが、旅客数でも乗務員数でも国鉄よりも民鉄の方が遙かに多かったから、運転系のみは当時も今も民鉄が優勢なのである。

　この協会との付き合いは、ダイヤの研究を副業的に続けていた中でスイスで

2）自動連結器に働く引張力、圧縮力の安全上の限界

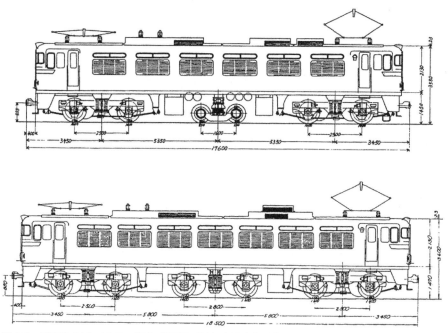

図3-3　ED78（上）・EF71（下）側面図（電気車研究会所蔵の図をもとに作成）

大変画期的なダイヤ改正が行われたので、これをいち早く国内に紹介する必要
があると考えて、こちらから頼んで掲載してもらった『画期的なスイスの時刻
改正』（1982）が最初である。当時、国内ではスイスの事情には関心が薄かっ
たので、この記事によって初めて知られることになったのである。これまでの
ダイヤがすべて日本と同様に「○○線列車運行図表」だったのを一旦すべてご
破算にして、接続を重視したネットワークのダイヤに造り替えたのである。40
年後の今日でも国を挙げてこの方式を採用しているのはスイス以外ではオース
トリアとドイツだけではあるが、多くの国で部分的には採用している、いわば
ダイヤ作りでの20世紀最大の変革だった。

2　国鉄改革模索時代の日本鉄道技術協会（JREA）での活動

　既に第2章-1などで、軽快電車の開発という現実の車両の開発に関わった
ことを紹介したが、その土俵になったのは日本鉄道技術協会JREAだった。で

きあがった 3501A、C、B という 3 車体連節車の所有者も、開発費で作った A
と B は JREA で、実用化に際して広島電鉄が自前で作った C は広電の所有だっ
た。リニアメトロについては、最初の車両の開発は日立が主体だったが、ナショ
ナルプロジェクトとしての車両の議論はやはり JREA で行った。しかし、その
後本格的に学界主導で進めたシステムとしての実用化の議論の場は、JREA か
ら日本地下鉄協会（JSA）に移った。これら以外でも、信号、運転など単独の
協会での領域を超える活動は JREA で進めたことが多く、最後は協会の運営に
まで関わることになった。ここではこの JREA での活動を中心にご紹介しよう。

国鉄末期約 10 年間の協会活動～ JREA 誌への取りまとめ～

　国鉄改革は JREA としても他人ごとではないから、JREA 誌でもその活動の
紹介をしている（表 2-3 参照）。

　このうち、1985 年と 1986 年には、『鉄道の特性分野を広げるためのサービ
スと技術』・『情報ネットワーク社会と鉄道―在来の鉄道を活かす道―』として、
あえて鉄道ファンでもある、専門の違う大学教授をお呼びし、新生 JR に刺激
を与えるパネルディスカッションを試みた。長らく東京教育大付属中学・高校

図 3-4　軽快電車 広島電鉄 3501
要素技術の開発として 2 車体 3 台車で作成したが、実用するために 1 車体 1
付随台車を追加したため性能が低下して使いにくくなってしまった。(1982.2.13
筆者)

の教師を務めた茨城大学教育学部教授で、産業考古学の中川浩一先生
（1931-2008）と、交通地理学が専門の東京学芸大学の青木栄一先生に、広く鉄
道ユーザの立場からの議論を引き出していただいたのである。

「鉄道技術体系の総合調査委員会」を企画

　国鉄を巡る問題は多くの国民が大問題と考える時代になってはいたが、詳細
を知らない多くの人はまだ「優れた技術を持ちながらそれが発揮できない財政・
労働問題」と見なす風潮が強かった。

　筆者は急速に進んだ国鉄離れの一因には技術の劣化もあって、これにもメス
を入れないと国鉄改革はできないと見て、大それた計画を思いついたのである。
ちょうどこの時期のJREAは関四郎会長（1909-1990）、西尾源太郎専務理事と
いう筆者をよく知る首脳の時代でもあって、この大それた提案が日の目を見る
ことになったのかもしれない。

　従来の国鉄の技術は、与えられた内容の定型的な運行を細分された部門毎に
確実に遂行するために構築されていた。これでは時代のニーズに合わなくなっ
た際に柔軟に対応する仕組みはなさそうだったので、見直しは『社会的ニーズ
の変化と急速に進んだ「国鉄離れ」の要因分析—ニーズを満たすサービスの内
容—それを実現するための技術』という図式で進めることとした。

　これらには統計数値の解析と鉄道技術やサービスに関心を持つ識者へのアン
ケートを併用した。社会的ニーズ変化への対応の重要性の高い項目として、都
市間輸送では高速性を、大都市通勤輸送では大量輸送下での確実性などを抽出
し、そのサービス改善への寄与度と当時の現状での充足度を技術面またはコス
ト面などでの難易度に応じて、難（A）／易（B）／中間（X）と3分類した。
なお、"難"はさらにA1（コスト制約が少ないもの）とA2（コスト制約が大
きいもの）に分け、前者は開発・活用に力を入れるべきもの、後者は投資効果
を見定めたうえで進めるべきものとした。"易"は気づいていなかったもので
早速活用すべきもの、さらに難易度が中間（X）のものも見つかっている。こ
れらの項目を挙げると表3-4のようになる。

　時代が違うので、若干の補足をすると、A1の粘着性能向上とは、当時列車
走行騒音の最大の原因がフラット付きの車輪によるものだったので、退治する

表 3-4　サービス改善への寄与度が大きく当時の充足度が低い技術項目

分類	対象項目
A1	最高速度向上　粘着性能向上　ダイヤ上の制約による低速化の軽減　復旧能力向上　群衆整理　駅のレイアウト　走行音の低騒音化　（車両・乗務員の融通、取扱統一、関連業務兼業化、業務間融通）
A2	線形改良、線増
B	ポイント直線側通過速度向上、接続時間の縮小
X	曲線速度向上、軌道保守整備強化、他システムの活用、発券、乗り心地改善、情報システムの整備、（電車線路破壊の軽減）

注：（　）内の項目は収支改善に向けた項目

には頻繁に削正するかフラットができないようにするしかないが、当時の国鉄の労働事情では前者は期待できなかったのである。Xの発券も今では想像しがたいのだが、国鉄離れの中で「みどりの窓口」の営業時間を大幅に短縮してしまったので、顧客操作型券売機の開発しかないだろうとの前提の話だったのである。A2の二つについては、資金的余裕がないことを承知のうえで、それでも場合によってはやらざるを得ないケースを想定していた。

　ところで、この調査報告書は 1979 年春に発行されたのであるが、JREA 事務局の話によると発行直後の評価は最悪で、在庫の山になっていたそうだ。頼みもしないのに余計な調査をしたとの反感さえあったらしい。ところが 6 年ほどたって、国鉄の分割民営化が不可避となってから在庫の山が急に動き始め、多くの人たちがそんな報告書があるなら欲しいと求めだす頃には品切れになって断るのが仕事になったそうだ。

JREA の運営への参画

　この話は国鉄民営化からは 20 年ほど後のことである。

　JREA は第 5 代関 四郎会長から 2001 年に就任した第 8 代坂田浩一会長（1928-2006）の時代に移っていた。国鉄の改革は表向きには大成功して、よく言えば安定期に、悪く言えば停滞期に入っていた。この状況下で、国鉄を他山の石として独自の技術・ノウハウを工夫しつつ発展してきた大手民鉄までもが同様になりつつあった。東大から工学院大に移って電気鉄道研究室を復活した

図3-5　JR北海道キハ201系
札幌近郊輸送で函館本線小樽以南などの非電化区間に直通できるように1996年に開発された気動車。これは表2-2の提案の実現例で、キハ201系3連の後部に731系電車を併結して札幌方面に向かうシーンだが、キハ201が先頭でも両車の動力を活用して同等な走行が可能である。（小樽　1997.7.9　真鍋裕司）

図3-6　協会創立60周年記念出版「20年後の鉄道システムを展望する」

筆者はある日坂田会長に呼ばれて停滞気味の協会の運営への参画を打診され、2005年に理事、副会長として運営懇談会のメンバーにもなったのである。

　最初の大きな仕事は協会創立の1947年から60年となる記念行事であるが、停滞している日本の鉄道を再び発展させるために、20年後のあるべき姿を示す方針がすでに坂田会長の下で出来上がっていた。その中で「20年後の鉄道システムを展望する」というテーマでの懸賞論文を募集し、これには一会員として応募すべき立場から、主催者側の一員として応募を促す立場に変わり、その審査委員長を勤めることになった。

　ところが任期途中で坂田会長が急逝され、筆頭副会長でJREA内の組織である鉄道サイバネティクス協議会の会長でもあった竹井大輔氏が会長代行を勤めた後、翌年第9代の会長に東大鉄道研究会の先輩でもあった岩橋洋一氏が就任して、坂田路線での60周年記念行事は予定通りに進めることになった。坂田元会長のご遺族から多額の基金の遺贈を受けたので、

図 3-7　国鉄時代の東京駅における「みどりの窓口」
国鉄時代は営業時間短縮が問題化、今は多くの駅で指定券券売機に替わり、使い勝手が悪くなっている。(1981.11　鉄道ピクトリアル編集部)

これをもとに JREA 賞を再編して関連 4 誌等（JREA 誌、Japanese Railway Engineering 誌、サイバネティクス会誌、鉄道サイバネ・シンポジウム論文集）に掲載された優秀論文を「JREA 坂田記念賞」として表彰する仕組みを整備し、最初の 11 年間は選考委員長を務めることにもなった。

　ここで鉄道サイバネティクス協議会のことを記しておこう。

　Cybernetics とは米国の人工知能研究の元祖のような Norbert Wiener（1894-1964）が提唱した学問のことで、国内組織の初代会長が山下英男先生（1899-1993）、2 代目は阪本捷房先生といずれも東大教授が務めた学術団体で、それを継いだ 3 代目の会長が坂田浩一氏だったのである。初期は国際的な協議会の日本支部だったのだが、次第に学術団体色が薄れ、今では鉄道業界の自動改札、券売機、交通系 IC カードなどの規格の議論などを主体に、毎年開いている「鉄道へのサイバネティクス利用国内シンポジウム」が学術活動の中心になっている。

3　工学院大学に電気鉄道講座を復活

教授としての 7 年間

　工学院大学には、教授として着任する前年度から客員教授として加わってい

表3-5　純電気ブレーキの安全性・信頼性評価手法

研究成果本文の章タイトル	各章の内容キーワード
1.「純電気ブレーキ」とその実用化のステップ	電気停止ブレーキから純電気ブレーキへ
2. 停止までの電気ブレーキの実現	インバータ制御により実現可能に
3. 回生モードの電気ブレーキの確実性・信頼性	摩擦ブレーキの役割
4. 回生失効対策	車両　饋電回路　運転制御
5. 純電気ブレーキによる特性改善の可能性	乗り心地　停止精度　時間短縮　省エネ　エアレス化　ブレーキ関連の保守軽減
6. 純電気ブレーキ能力の現実的制約	パワー　電車線電圧　粘着限界
7. 滑走の発生とその対策	滑走モデル　過走対策
8. 速度・位置検知誤差の問題とその対策	検知装置改善　オブザーバの活用
9. 高速回生能力の制約と現実的活用法	困難性　能力に沿ったブレーキ
10. MT比と使用可能な減速度	MT比のあり方　高停止精度要求との関連
11. 高速回生能力を格段に高める方法	純回生の場合　補助手段　饋電回路からの観点
12. 運転特性改善のための簡易自動運転の提唱	必要性　併結・縦列停車への有用性
13. 運転特性改善のための手動運転の補助	標識の活用　簡易自動運転との使い分け
14. 純電気ブレーキの将来構想	饋電回路との一体設計

平成13-15年度 科学研究費補助金 基礎研究（B）（2）展開研究報告書 平成16年3月　研究代表者　曽根　悟

　ため、教員・学生を含む人的つながりができていた。また、初年度からJR東海と日立製作所からの研究費援助もあり、新宿での隣組小田急電鉄との再接近、東大で鉄道関係の研究室を引き継いでくれていた古関研究室との相互協力体制なども円滑に行うことができた。次年度には院生3名が加わり、電気学会全国大会を工学院大学に誘致して開催し、従来電機メーカー主体だった展示会には初めて鉄道事業者関係のブースを設けてJR東日本、JR東海、営団、京王、小田急にも参加していただいた。工学院大学に開設した電気鉄道の研究室からの出展も合わせて、鉄道研究の私学のセンターと強く印象づけることもできた。
　この年度から、文部科学省の科学研究費補助金を受けての研究「純電気ブレーキの安全性・信頼性評価手法」（3年間）がスタートした。この研究は基盤研究の中ですでに一部が実用化しているものを発展させる目的の、大学では比較的珍しい「展開研究」というカテゴリーのため、3年後に出した報告書には、通常の方式である補助金による直接の成果だけではなく、導入する鉄道事業者や関連メーカーに役立ちそうな関連論文等も判り易く併せて表3-5のような広

図 3-8　山手線に導入された頃の JR 東日本 E231 系 500 番代
JR 東日本の通勤車でも 1990 年代末以降は純電気ブレーキが普及し、標準装備となっていった。JR 東日本では停止電気ブレーキと称している。（秋葉原　2003.2.23　戸塚光弘）

図 3-9　新京成電鉄 8800 形
この車両は 1500V 鉄道での最初のインバータ制御の量産車であると共に、筆者の研究室で開発した停止までインバータで制御する純電気ブレーキの試験後に最初の本格的導入車にもなった。現在は 8 両 12 編成から 6 両 16 編成になっている。（くぬぎ山車両基地　1986.3.18　鉄道ピクトリアル編集部）

い関連分野全体を掲載した。

　2004 年 10 月には上越新幹線の直下型地震で乗客の乗った新幹線列車の初の脱線事故、2005 年には 3 月に土佐くろしお鉄道での宿毛事故、4 月には JR 福知山線事故という速度超過による大事故が連続し、テレビや新聞等での解説の機会が急増した。私学の立場ではマスコミが使いたがる称号である「東大名誉教授」ではなく、現職を示す「工学院大学教授」として出るようにしていた。

　多くの取材を受けて、テレビも新聞も社風や記者個人の違いが大きいことを認識した。事前の予想通りに、NHK はしっかりした取材をし、某 N1 紙は何を述べても事前に編集部で作成済みのストーリーに乗せてしまうという酷い編集をし、予想に反して大手の N2 紙は発言者の名前を載せながら、事前の内容確認を拒否してきたので、結果的に誤報も起き、以後この両 N 紙からの取材は拒否することにした。なお、近年になって N2 紙は発言内容の事前チェックを認めるようになったので今は取材にも応じている。

　当時の東大の 60 歳定年後に就いた正規の教授の在任期間は 7 年間で、この間に学科主任、評議員等の学内行政にも関与し、電気系を中心に情報学部の設置等にも関わった。

　研究面においては、停止までの純電気ブレーキが幸いに順調に普及し、量産車では新京成の 8800 系からスタートしたが、新宿近辺では小田急 3000 形にも山手線 E231 系 500 番代にも普及するまでになった。

　しかし、回生モードのブレーキには高速域での問題がまだ多く残っていた。回生能力それ自体が、かつての発電ブレーキと比べると著しく劣っていて、その理由は明白だった。発電ブレーキなら電車線電圧にとらわれずに過電圧領域を活用して同じ電流でパワーは加速時の2.5倍程度まで出せたのである。もうひとつの問題は、直流1.5kV電化区間では回生失効や饋電損失が大きいことである。つまり、車両側で高速回生能力を高めても、饋電側では大きな回生電力を受け取る仕組みがないと発電ブレーキ時代のように摩擦ブレーキの使用にほとんど頼らなくて済むようにはならず、せっかくの回生ブレーキでありながら十分に省エネ効果が発揮できないのである。在任期間の後半では主としてこの問題に取り組み、少しずつ成果を出していた。

　このうち、車両側での高速回生能力の拡大は、当初のインバータ自体のコストが高かった頃と違って、今ではかなり自由に任意の特性が出せるようになっている。初期のインバータ制御車の駆動モーターの定格電圧は1.5kV直流電化では対応する三相交流の最大出力電圧である1,100Vに決まっていたのだが、このモーターの定格電圧を1/a倍、電流をa倍にすればモーターの体格・質量・価格は変わらず、インバータの電流定格をa倍にすることで、かつての発電ブレーキと同様に過電圧領域を活用してa倍のパワーまで出せるようになっている。

　この簡単な事実はまだ意外なほど一般には知られていないが、この特性を活用すれば、車両のハードウェアとしてはほとんど同一ながら、線区や経営方針に応じて多様な特性が出せる時代になったことを意味しており、詳細は第6章-3（1）を参照されたい。

　饋電系と蓄電装置を活用した大改善に関しては、現状ではまだ高価な蓄電装置を車載したり、地上の饋電システム上の弱点箇所等に適切な容量と特性の装置を配置したうえで充放電制御などを工夫する必要があって、まだ実用化が十分には進んでいるとはいえず、現在も重点研究課題のひとつになっている。

　研究室の基幹研究以外の分野で在任期間中に進んだ研究成果をもう一つ紹介しよう。

　列車ダイヤの評価は以前から重要視してきたが、これまでは所要時間に関しては全乗客の待ち時間や乗換時間を含んだ総所要時間の最小化を基本としてき

表3-6　無料特別講座の最近4年間の実績

タイトル	開催年月
自動運転時代の鉄道の可能性	2019.6
列車運転の高機能化・省エネ化	2018.5
満員電車ゼロ　～通勤・通学を格段に快適にする方法～	2016.11
鉄道イノベーション　～もっと身近で便利な鉄道に～	2016.4

た。これに対し、これでは多くの利用者がある駅や区間（たとえば東京、名古屋、京都、大阪）が優遇され、利用者の少ない区間（たとえば静岡県の駅など）に大きなしわ寄せがくるのではないかという懸念や批判を受けてきた。そのため、その駅に関する乗客の待ち時間を含めた表定速度等を用いる駅別の実効表定速度を併せて議論したり、さらに進めて駅間の乗客流量であるOD別にこのようなサービス指数（表定速度はその一つで、実効混雑度なども）を比較する手法を、不公平性に対する評価として使用できるように編み出すことができたのである。

　7年間の在任期間が終わりに近づくと後継者探しが始まるのだが、交通システム工学（JR東海）寄附講座で助手としてすべての業務をうまく取り纏めてくれた高木　亮氏がイギリスの大学で電気鉄道の研究を続けていたので、私の最後の年度に引き継ぎも兼ねて1年間共に勤めてもらうことにした。これで、私学における電気鉄道の二大拠点の地位を日本大学と並んで占め続けることができ、研究分野や内容も含めて円滑に引き継ぐ体制ができて、安心して工学院大学を去るつもりだった。ところがそうはならなかったのである。

社会人教育 鉄道講座の発足

　退任間際になって、社会人教育のための講座立ち上げに関わることになった。開講当時は、試行錯誤で講師や受講者集めに奔走したものの、なかなかうまくゆかず、専門家である朝日カルチャーセンターとの協働等の体制強化も功を奏さず、結局全国的に一流講師を集める伝手を持っている「鉄道講座」以外は集客ができず、2011年からはオープンカレッジが主催する「鉄道講座」に特化して体系化したうえで恒常的に開催することになった。

　鉄道講座の内容は、鉄道技術を従来からのプロ向けの系統別ではなく、社会

表 3-7　基礎講座の体系（2019 年度企画の内容）

技術領域分野	講座タイトル	講師
公共交通・鉄道システム論	公共交通システムに必要な特性	高木　亮
	交通モード別の社会特性	金山洋一
	鉄道の優位性と線路の特性	金山洋一
	大学・研究機関等からの特性改善	富井規雄
鉄道車両（ハード）	鉄道車両の基本特性	須田義大
	鉄道車両の走行性能	近藤圭一郎
	鉄道車両の対脱線安全性	松本　陽
	なぜ動力分散車両が有利になったか	曽根　悟
鉄道車両（ソフト）	鉄道車両の歴史と進化	渡邉朝紀
	日本の鉄道車両の特徴	辻村　功
	鉄道車両の魅力	佐伯　洋
	世界の鉄道車両とサービス	曽根　悟
信号システムからの革新	あるべき信号システムの姿と現状	中村英夫
	どこまで自動化・高機能化が可能か	富井規雄
	高頻度運転への制約と限界	高木　亮
	自動運転等の新システムの安全確保	水間　毅
運行計画	運行計画の基本	富井規雄
	運行計画の実際例	吉田雄一
	運行計画の特性とパターン	高木　亮
	接続重視のネットワークダイヤ	曽根　悟
運行管理	運行管理の基本	富井規雄
	運行管理の実際例	吉田尚平
	近未来の運行管理の姿	中村英夫
	超高頻度運転に向けての新技術	高木　亮
技術開発	新技術開発と国際標準化	古関隆章
	各国の信号技術と統一に向けた動き	平尾裕司
	車輪レール系での新技術開発	須田義大
	鉄道を巡る省エネルギー論	宮武昌史
国際貢献	技術認証制度と交通研の役割	田代維史
	鉄道車両関連の国際市場と業界の紹介	佐伯　洋
	海外での鉄道コンサルタントの役割	辻村　功
	国際的な鉄道技術組織の紹介	高木　亮
安全・安心・防災	鉄道事故からの教訓と安全性向上	松本　陽
	自然災害からの鉄道運行安全性確保	島村　誠
	広義の信号システムの役割と本質制御	中村英夫
	運行信頼性向上に向けて	曽根　悟

システムとして体系化して誰にも理解できるように論じる「基礎講座」（表 3-7）と、年に 1 ～ 2 回程度工学院大学のアーバンテックホール（大階段教室）に数百人を集めて無料で開催する「無料特別講座」（表 3-6）、トピックスをその都度論じる「トピックス講座」（表 3-9）の 3 つを主体に、2019 年度からは「基礎講座」の難易度が高いとの声に応えて「入門講座」（表 3-8）も加わった。

鉄道講座の今後

2019 年度には「入門講座」が新たに発足し、これを受ける形の「基礎講座」の内容の見直しも進んだ。

2020 年度からは企画・監修者が高木教授になり、主催名称も『鉄道カレッジ』と改めて、筆者は 2020 年度限りでリタイアすることになった。ところがこの計画は新型コロナウイルスの蔓延で大修正を余儀なくされている。2022 年度末現在学内での議論は途絶えてはいないが、先が見通せない状況である。

表 3-8　2019 年度からの入門講座

1	総論 / 公共交通論	6	加減速のための車載機器
2	運行計画と運行管理	7	電力供給 / リニアモーター
3	線路	8	信号システム
4	鉄道車両の性能と運転理論	9	鉄道と環境・保守・安全など
5	車体と台車 / 車両と高速化	10	鉄道の営業 / 将来に向けて

各講座 50 分 平日夜。土曜午後に 2 回分まとめても実施。
担当講師：高木　亮［7 のみ持永芳文］

表 3-9　トピックス講座の最近 6 年間の例

社会状況	主タイトル	開催年月	個別タイトル	講師	講師所属
相鉄の JR への直通開始	相互直通運転	2019.12	相互直通運転のメリット・デメリット 路線間を結ぶ新線建設に関わる整備・運営制度 相互直通運転路線の輸送計画と運行管理 相鉄の JR・東急直通運転と沿線開発・ブランド戦略	高木　亮 金山洋一 富井規雄 鈴木昭彦	工学院大 富山大 日大 相模鉄道
自動運転の話題が自動車鉄道とも急増	鉄道における自動運転	2019.8	自動運転の基礎と新システムの安全確保 自動運転の技術的要件の検討 自動運転による輸送サービスの向上	水間　毅 古関隆章 曽根　悟	東大 東大 工学院大
小田急の複々線化工事が完成	民鉄型ダイヤの特徴と生産性・サービスの一層の向上	2018.10	海外でのダイヤ研究とその体制 民鉄と国鉄・JR の設備とダイヤの違い 小田急複々線化ダイヤ作成を担当して 輸送障害の影響を軽減するダイヤ作りと運転整理 <4 講師・受講者との討論>	富井規雄 曽根　悟 落合康文 吉田尚平 高木　亮	日大 工学院大 小田急 京急 工学院大
京急が「高度な安定輸送実現」達成により 2015 年日本鉄道賞特別賞を受賞	京急に見る『安全・安定輸送』の仕組み	2016.4	京急に見る『安全・安定輸送』の仕組み	吉田尚平	京急
自然災害多発を受けて	自然災害と列車運行	2015.10〜11（4 回）	地震、風、雨、雪その他に関する規制と解除の基準 観測技術と予測技術の進歩、防災強度の向上方策	島村　誠	東大
新幹線へのフリーゲージトレイン導入断念	スペイン高速鉄道の新在直通運転	2015.1	スペイン高速鉄道の新在直通運転	川島令三	鉄道アナリスト

第4章 国鉄改革

1 国鉄分割民営化と民鉄

分割民営化を技術・サービス面からサポート

　JREA で「鉄道技術体系総合調査委員会」を発足させて、国鉄幹部にも参加していただき、国鉄再生への議論に力を入れていた 1970 年代末の頃までは、当の国鉄やその周辺の人たちはまだあまり危機感を持っていなかったようだ。労使ともにいわゆる『親方日の丸』意識が強く、周囲からは認められない『再建計画』を出しては拒否されるという繰り返しだった。むしろ部外者の方がスト権スト（1975 年）と運賃の 50％もの大幅値上げ（1976 年）で国鉄離れが顕著になり、さらに鉄道ファンなら平時にはあるまじきレベルダウンの 53.10（1978 年 10 月）のダイヤ改訂で国鉄の社会的地位が決定的に低下し、労使問題に限らず技術・サービスを含めた大改革が不可避と強く感じるようになっていた。

鉄道ジャーナル誌の国鉄改革への積極的関わり

　読者数の多い鉄道ファン向けの鉄道 3 誌、「鉄道ピクトリアル」、「鉄道ジャーナル」、「鉄道ファン」の中でも、竹島編集長率いる当時の鉄道ジャーナル誌は読者でもある識者を中心にした「国鉄改革問題研究会」を組織し、研究会メンバーを中心とした座談会や、時には国鉄幹部を巻き込んでのテーマ別の特集などを積極的に展開していた。さらに、一般の読者から国鉄に限らず鉄道の改革やサービス向上に繋がりそうな提案を積極的に募集して「読者論壇」欄にかなりのページを割き、当時国鉄の旅客局長であった須田 寛氏が多くは匿名で時には実名で議論に加わるという手法で、鉄道ファンや鉄道に関心を持つ読者層間での改革論を積極的に盛り上げた。

国鉄部内誌等への寄稿と国鉄幹部への直接提案

　もの書きの立場では読者数は少なくても、趣味誌よりももう少し直接的に中

身が伝わりそうなルートでも議論をしたかった。その例としては中央鉄道学園が発行していた国鉄部内誌「経営と教育」や、今の交通経済研究所の前身、運輸調査局が発行する「運輸と経済」誌上での提案や意見陳述だった。国鉄改革の前後で部内誌的性格の強い「創造のひろば」「CONCOURSE」「JR ガゼット」などにも機会があれば積極的に寄稿した。

　最初のきっかけは、当時中央鉄道学園の大学課程の講師もしていた筆者に対して「鉄道への提言」を寄稿するように求められたことに始まる。受諾はするがその条件として「鉄道への提言」ではなく「国鉄への提言」に標題を変更し、まず国鉄が日本の鉄道の代表であるかのように振る舞うこと自体を痛烈に批判。このことは当然に一部からは嫌われたであろうが、幸いに次に元 広報部長であった中央鉄道学園の学長 山本佳志行氏と多くの地方の鉄道学園の代表としての新潟鉄道学園長 佐藤起一氏を交えての鼎談に発展した。ここでは、民鉄から学ぶべきことがきわめて多いことなどを多くの具体例を引いて論じ、国鉄内部の自称改革論者にも考えの甘さを自覚して貰った。

　比較的些細なことではあるが根源的な一例を挙げれば、当時運転士がカーテンを閉じて客室からの前方展望を遮ることが話題になっていた。国鉄でも夜間や長大トンネル走行時を除いてカーテンは開けるルールがあり、これが守られていないことを国鉄幹部は教育の不徹底と考えていたが、私は東武鉄道を除く民鉄の運転士は全員車掌経験者であり、自ら接客業に従事している自覚があるのに対して、国鉄の運転士は操縦の専門職意識からカーテンを開ける必要性を理解していなかったという違いを指摘したのである。

　直接的働きかけで最重要だったのは、「鉄道技術体系総合調査委員会」の成果から抜粋して 10 項目の提案を国鉄幹部にしたことである。国鉄幹部の多くからはこれも冷ややかに見られた中で、国鉄出身でない当時の高木文雄総裁（1919-2006）が最も熱心で、総裁公館に招かれて何度もご進講をした記憶がある。

　この種の直接活動は、思いも寄らずに国鉄最終日まで続いた。それは、国鉄が最終日 1987.3.31 限り有効な新幹線も含めてすべての列車の普通車自由席に乗り放題になる「謝恩フリーきっぷ」を、6,000 円で最終日 10 日前の 3 月 21日に 10 万枚売り出してすぐに売り切れたことに端を発する。鉄道ファンの心理からすれば、"なるべく遠くまで行きたい"、"新幹線の新しい 100 系に乗り

図4-1　国鉄最終日の「謝恩フリーきっぷ」(所蔵:長谷川優一)

たい"、"国鉄最後の61.11（1986年11月）ダイヤ改正で誕生した新列車（その多くは短編成）にも乗ってみたい"、"前夜の夜行列車に前日分の近距離の乗車券を併用して長時間乗り回したい"、等のニーズから特定の列車に積み残しが出てしまい、「謝恩」のはずが「汚点」を残す結果になりそうなことが目に見えていたのである。

　とはいえ、当日までは10日しかなく、差し迫った時期に打てる手も限られている。そこで旅客局長の須田 寛氏に直訴して、増結や予め必要になれば設定できる陰の臨時列車（カゲスジ）の設定、指令権限での臨時列車の特発などの手を打っていただき、それでも若干の積み残しは出たものの、汚点を残すことは辛くも免れた。

　国鉄もこの直訴には最大限の手を打ち、特発列車の中にはグリーン車も含め全車自由席という異例なものまで登場した。こうして何とか乗り切ったことは翌日発足した新生JRには良い経験になり、国鉄にはできなかったことがJRならできる、との自信にも結びついたようだった。

技術とサービスから見た国鉄分割民営化への楽観的な見方

　国鉄の現状を大変憂慮して、国鉄技術の現状分析をJREAで進めてきたことを裏返せば、分割・民営化が実現すれば、良い種が全く生かせていない実態から間違いなく良い方向に進むはずとの確信に繋がっていた。真意は国鉄労働組合潰しと言われる中曽根康弘首相（1918-2019）の路線を、全く異なる観点から支持していたのである。

　実際に、43.10のダイヤ改正からの10年間、平時には前例のないレベルダウンが目立った53.10のダイヤ改訂までには、速度向上が維持できなくなったり、不定期列車や臨時列車の大幅削減と引き替えに定期列車の増発、特急電車の8M4T編成への固定化という輸送力調整に逆行する動きをしたり、軌道や車両

図 4-2　東北新幹線の 200 系
謝恩フリー切符対策として事前には運転を公表せず指定券も発売せずに、特発の準備をし
てグリーン車を含めて全車普通車自由席として走らせた例もあった。(北上　1977.3　筆者)

の整備不良による脱線を含む事故の多発などがあった。技術以外の要素でも、
みどりの窓口の営業時間の大幅短縮、運賃の値上げ抑制が赤字の原因との経営
側の主張を飲む形での大幅な運賃値上げ (1975 年) に続く 1977 年からの毎年
の値上げで民鉄よりも高くなった運賃、労組側の違法なスト権ストなど、どれ
をとってもあるべき姿から逆行する動きが目立っていたのである。

　このようなことを目の当たりにしたが、特に優れた経営能力を発揮せずとも
普通にやれば大幅に良くなると確信し、分割・民営化を全く悲観はしていなかっ
た。一方、悲観的な見方をする多くの人たちは、良いところを伸ばすのではな
く、不採算部門の切り捨てを進めるはずとの前提で、民営化後の国鉄は新車の
発注をしないだろうから車両メーカーは今のうちに撤退するのが無難、と廃業
してしまった関連企業も出た。結果は明らかに逆だった。たとえば新幹線の
100 系は国鉄が作った X 編成を追いかけるように JR 東海の G 編成と JR 西日
本の V 編成が作られ、西日本の場合には東海からの注文を優先するメーカー
の能力が足りずに、長期間待たされることにまでなってしまったのである。

図 4-3　新幹線の史上最高のサービス設備を提供した 100 系 V 編成
2 階建て車 4 両に食堂車、各種のグリーン個室、階下のゆったりした普通車指定席を持ち、普通席もバケットシートにした。(西明石　1989.7　真鍋裕司)

民鉄になれなかった JR

　分割・民営化が既定の路線となってから多くの国鉄幹部に「民営化されたら民営鉄道協会(民鉄協)に加盟しますか」との質問をぶつけてみた。答えは、異口同音に「ノー」だった。ノーの答えが多いことは予想してはいたものの、この結果には強いショックを感じた。民鉄から学べとの声が国鉄内部も含めて多かった中で、これはどういう意味なのか、いろいろ考えさせられ、思いついたのが以下の三つだった。

　1　相変わらず国鉄中心主義が身についていて、元からある民鉄協に加えてもらうことは沽券に関わる。

　2　「民鉄に学べ」は真意ではなく「民鉄並みの経営の自由度をよこせ」が真意で、関連事業ができる自由度、政治からの独立、運賃決定権の獲得が得られればそれで十分、つまり鉄道事業法の下で民鉄と対等の条件で再発足すればわざわざ民鉄協に加わるメリットはないとの誤解。

　3　そもそも民鉄よりも良い条件、つまり線路条件や高運賃水準の下で再発

足するのだから、民鉄協に加わるとデメリットが発生するのではないか、との誤解。

などがあったのではないかと思っている。

言い換えれば、このタイトル「民鉄になれなかった JR」そのものが間違いで「民鉄になる気がなかった JR」だったようだ。

歴史を語るのに「もしも……だったら」は禁句ではあるが、もしも民鉄協に加盟していたら国鉄改革に差し障るとして一旦廃止した ATS の機能に関する 1967 年の民鉄向け通達を、民鉄と一緒に議論する機会があったはずだ。これに JR が真摯に取り組んでいたら東中野の追突事故を機会に民鉄型 ATS に近づけることがもっと早く進んだはずであり、2005 年の宿毛事故や福知山線事故は防げたと思われるだけに、大変悔やまれるところである。

改めて民鉄 対 JR

民鉄と JR には大変大きな、相互に関連する違いが少なくとも以下のように3つある。

駅の構造：端末駅では民鉄は線路の両側にプラットホームを設けて乗降を分離するが、JR はプラットホームの両側に線路がある。複線の途中の待避駅では民鉄はほとんどが 2 面 4 線なのに JR は 2 面 3 線が多い。これらの結果、乗換が楽にすぐできる民鉄に対して、JR では別のホームに移動しなければならないケースも少なくない。

JR 中央快速線の東京駅は非常に乗降客が多く、他線の上空にプラットホームを作ったために乗降客のほぼ全員がエスカレータを用いるという構造でありながらプラットホームが一面しかないので、乗降客が交錯して危険ですらある。民鉄では乗降客数が 1000 人 / 日程度の福島交通の飯坂温泉駅でも 2 面 1 線で乗降を分離しているから到着客は旅館の出迎えを受け、乗車客には最近では少なくなった見送りもできる。

利便性と無駄時間：近郊電車としてスタートした民鉄は、多くの駅を設けて緩急結合輸送により駅数の少ない JR に負けずに高速輸送をしている。2 面 3 線の JR 駅では緩急結合ダイヤは組みにくいが、工夫すればできないこともない。

図4-4　乗降分離ホームの例　阪神三宮駅
わが国の民鉄では終着駅などを中心に列車の両側にホームを設けて乗車と降車を分離する
形態が多い。（2009.7　長尾　裕）

　JR常磐快速線の例を示そう。特別快速[1]が止まらない三河島から取手に行く場合、松戸で待避する快速に乗ると同一ホームでの乗換ができ、帰りは特別快速に乗って、北千住で追い越す快速に乗り継げばよい。しかし、民鉄の場合のような有り難みがほとんどないのは、緩急の到着や出発時間差が大きく、緩から急に乗り換えることによる時間短縮自体が少ないからである。松戸で待避する快速が松戸に着いてから特別快速が着くまでに4分も待たされるし、上りの場合は取手→三河島の乗客の北千住での待ち時間はそれほどには長くないが、たとえば特別快速通過駅である我孫子から東京に行く場合に、北千住で普通快速から特別快速への乗換待ち時間は著しく長い。なぜ長いかというと、もともと長い閉塞区間で常に「2セクションクリア」[2]という国鉄の悪習をJRもそのまま引き継いでいるからである。これらの結果、無駄時間はJRが長く民

---

1) 今は特別快速が減ってしまって状況は変わっている。
2) 国鉄事故に関してマスコミから「過密ダイヤ」との批判に対抗するために設けた本来無駄な、先の2区間が開通して青信号が出るまで発車させないなどの誤った国鉄流ルール。山之内秀一郎：『なぜ起こる鉄道事故』（東京新聞出版局 2000年）pp.172-173にはマスコミの「過密ダイヤ」批判に対して「ツーセクションクリア」を過密でない証として採用した、との記述がある。

鉄は短いのである。

2　国鉄末期の頑張り

国鉄とJRを通じての問題は縦割り組織で横の繋がりが欠落していたことなのだが、それにはふたつの例外があった。それは「合理化」と「標準化」だった。部局を越えてどこでもこの二つは無批判によいこととされてきた。言葉の意味とはかけ離れて「合理化」とは、やるべきことも含めて仕事を減らすことであり、「標準化」とは差別化すべきところも画一化することになってしまった。

分かりやすい例を挙げれば、もともと最高速度が低く駅間距離の短い区間で当時8両編成だった山手線向けにMT同数を前提に特別設計した103系を通勤電車のすべてに一律に使う「通勤用標準車」にしてしまったり、特急電車は平坦線でも輸送力過剰な列車にも8M4Tの固定編成を用いることにしてしまった。

さすがにこれではまずいとの動きは少しずつ広がり、民鉄と大差が付いてしまった通勤電車にも省エネ車を導入しようとして201系を作ったり、開業以来モデルチェンジを怠ってきた東海道新幹線にも100系を作るような変化も生まれてきた。

当時の国鉄流に言えば、「怠ってきた」のではなく「標準化した0系」に反する新形式を導入する弊害、たとえば新車を廃車予定の編成に順に組み込んで車両の更新を円滑に進める、等の理由で「正当化」してきたのである。100系の導入は、この「標準化」から脱した大英断だったのである。

国鉄流界磁添加励磁制御の開発

電車の駆動システムの新技術は、駆動機構のバネ上化と発電ブレーキの常用（1953営団300/600V用、1954小田急2200等/1500V用）、界磁チョッパ制御（1969東急8000）、電機子チョッパ制御（1971営団6000）、VVVFインバータ制御（1982熊本市交8200/600V、1984近鉄1251/1500V）といずれも歴史上国鉄・JR以外が主導して開発がなされてきた。これらは軌道破壊の軽減、高性能化、省エネ化、省保守化というニーズに応える技術だった。

国鉄はずっと遅れを取ってきたが、最末期になって如何にも国鉄らしい新技術を開発・実用化した。地下鉄には電機子チョッパ制御が、地上の民鉄には界

図4-5　国鉄591系試験電車による各種試験
1973年の中央西線電化に伴う381系導入を前に、1970年に製造された591系により自然振子式の車体傾斜技術試験ほかさまざまな試験が重ねられ、その中には国鉄唯一の界磁チョッパ制御も含まれていた。(東北本線白石―藤田間　1970.6.2　鉄道ピクトリアル編集部)

磁チョッパ制御が普及していたが、国鉄は複巻モーターを用いる界磁チョッパ制御には乗り気でなく591系で試験してみたものの、まともな比較もせずに断念している(図4-5)。これは電車線電圧の急変に際してフラッシオーバ事故[3]を起こしやすく、整流子の保守管理の手間が増すことを嫌ったものだった。

　その代わりに、直巻のままで電力回生を可能にする界磁添加励磁制御を、民鉄の類似の先行事例（小田急2600（図4-6）、京阪5000等）を参考にして東洋電機などと共同で開発して、国鉄末期からJR初期にかけて多くの車両をこの方式で作った。この方式の205系の抵抗器の質量やそれによる損失は、電機子チョッパ制御車201系が高速からのブレーキを実現するために積んでいた抵抗器のそれよりも小さいという信じがたい実績も挙げている。

　この方式は、在来車、例えば先に挙げた誤った標準化で作りすぎた103系やせっかくの120kWモーターを活用していなかった113系を、線区の特性に応

3）直流モーターに特有の事故で、ブラシ間が火花で繋がって短絡状態になり、保護回路によって停電状態になる。復電させることによってそのまま使える場合と、モーターの修理を要する場合とがある。

図4-6　小田急のNHE車2600系
国鉄を上回る大型車体、分割界磁の力行時は直巻、ブレーキ時は他励回生ブレーキ等の新
方式を採用した新経済車。（百合ヶ丘‐柿生　1968.4.25　水野照也）

図4-7　改造によって回生車にになった名鉄5300系
既存の直巻モーターの発電ブレーキから回生ブレーキに改造可能な界磁添加励磁制御の
特性を活用したのは民鉄だった。（ナゴヤ球場前　1986.7.13　白井良和）

じた省エネ回生車に比較的容易に改造できる特徴を持つが、実行に移した例は名鉄の5300系（図4-7）や営団の5000系、京阪2400系、近鉄8800系（技術内容は若干異なる）などJR以外であった。

なお、民鉄に普及していたインバータ制御も試作車207系900番代1編成を作ったものの、特性が期待外れのまま国鉄時代は終わってしまった。

205系と211系・213系がJR再生への国鉄の置きみやげに

201系は結果的には失敗作になってしまったが、これに気づいて初めて国鉄らしさを出したのが界磁添加励磁制御車の205、211、213系だった。

なお、213系にはそれまでの国鉄らしからぬ以下のような大きな変化が見られたことも特筆に値しよう。

国鉄の新性能車はMM'方式、つまり2両で一組の電動車が前提だった。この方式は1500Vの鉄道で高速からの発電ブレーキをモーターの過電圧耐量を活用する前提の民鉄方式で、回生車は過電圧領域が使えないから1M方式でも良いのである。213系はこの特性を活かして、平坦線で使うことを想定していたこともあって1M2Tで登場している。また、民鉄では補助電源装置にはSIVが導入されていたが、国鉄として唯一のこの方式になった。

さらに、国鉄の車両は前面展望への配慮はしないか、敢えてそれをさせない設計を211系まではしてきたが、213系では客室最前席の前向きのクロスシートからの前面展望にも配慮されたのである（図4-8）。

JR初期の躍進にも

この種があったお陰で、JR化直後の6旅客鉄道は国鉄の205、211、213系を増備する以外に、221系（JR西日本、図4-5）、311系（JR東海）、719系と215系（JR東日本）、721系（JR北海道）、811系（JR九州）。7000系（JR四国）という必要なサービスレベルを確保する新形式車両を短期間に送り出すことができたのである。

国鉄改革直後のJRは新車の発注を差し控えるだろう、との見方で車両メーカーの一部は撤退したり戦線の縮小をしていたが、実態は正反対で、JRは作りたい車両がメーカーの能力不足ですぐには納入されないという悩みを抱える

図4-8　JR発足直前に登場した213系電車
四国連絡を担った宇野線に快速「備讃ライナー」として使用するため1987年3月末にデビューした。客室からの前面展望に配慮して助士前面窓と仕切窓が大型化された。(沢柳健一)

ことになった。

新幹線60.3ダイヤと100系

国鉄再生への動きは在来線よりも新幹線が先行した。1985年には東海道・山陽新幹線に開業以来20年ぶりに新形式車である100系が誕生した。シートピッチを広げて3列座席も回転できるようにし、2階建てにすることで通り抜け客を階下の通路に誘導して2階の食堂車からは富士山も海も見られるようにし、何よりも古く枯れた技術の0系よりも安く購入したことが注目された。103系よりも大幅に高価になった201系の反省が初めてまともに活かされたという点では"技術屋"だけでなく"事務屋"も頑張ったのである。しかも、試作車は0系で悪評だった窓の小型化を引きずっていたが、量産車ではこれもあるべき姿に戻して通路側の席からも不十分ながら富士山などの展望を取り戻したのである。

20年間進歩がなかったかのような速度の面でも、わずかとはいえ3時間10分運転から3時間08分運転になり、これまでできないと言い続けてきた、6-4ダイヤが60.3（1985年3月）ダイヤから登場したのである。さらに不人気のこだまを削減する代わりに増発したひかりの一部を途中駅に停車させて利便性を確保する、いわゆる「ひだま」[4]（HKひかり）を設置して、ダイヤの真の意味での合理化も進んだ。

こうして新幹線から国鉄再生への動きが始まったが、在来線を含めた国鉄初めての全社的な真のダイヤ改正といって良いものが61.11（1986年11月）ダ

---

4) 国鉄外ではひかりにこだまの要素を加えてひかり通過駅、特に小田原—豊橋の利便性を向上させた「ひだま」と当初呼ばれたのだが、国鉄自身は改革の議論で社会からの反発を得て「ひだるま」になっていたためかこの用語を嫌い「HKひかり」とか、わざわざ特殊字体としての記号（HK）を作ってまで「HKひかり」を広めた。このことは後年JR東海と静岡県との根深い争いにも発展することになる。

図 4-9　JR 西日本 221 系
1989 年 3 月ダイヤ改正の大阪圏新快速・快速の大増発に伴って導入された。221 系は JR
他社の 311 系などの類似車の総数を上まわる多数が作られ、アーバンネットワークの旅客
数を約 4 割も増やすことに大きく貢献した。(元町　1988.2.22　長尾 裕)

図 4-10　JR 東日本 215 系
通勤用有料ライナー列車用と昼間帯の快速列車のサービス向上兼用だったが後にライナー
の特急化と快速サービスの衰退と 2 極化した。(大船　1993.3　真鍋裕司)

図 4-11　JR 北海道 721 系
会社発足当初の着席サービス宣言に沿った多座席デッキ付きの快適設計。後に後退してロングシート、デッキなしに方針転換した。（岩見沢　1989.2　藤岡雄一）

図 4-12　JR 九州 811 系
国鉄から継承した 421 系を置き換えてサービスレベルを高めた車両。近年は立席定員を増やすサービス逆行の動きも見られる。（博多　1989.2　金子智治）

図 4-13　JR 四国 7000 系
213 系と同様の 1M 電車。四国のローカル輸送向けに 1M 単独のワンマン輸送も、6000 系
Tc 車を連結した大輸送力列車も可能にした。（北伊予付近　1991.1　佐藤利生）

イヤである。

61.11 ダイヤと東海道新幹線 220km/h 化

　分割・民営化を控えて、国鉄として取り組んだ最大のものは 61.11 ダイヤ改
正だろう。これまでの国鉄は、部局に跨る改革はほとんどできなかった。新幹
線誕生の成功の社内的要因は、建設・車両・電気等の部門がそれぞれの自己主
張をしないで、新幹線総局という別組織として一体的に取り組んだことが挙げ
られるが、その副作用として同じ駅の中での新幹線と在来線との乗換さえもが
不便という問題も起こしてしまった。

　民営化しても生き残れるように、これまでの国鉄の姿勢から利用者に選択さ
れる存在に変わる、との思想で、与えられた制約条件の下でのダイヤ作りでは
なく、全社統一的に新ダイヤに取り組んだのである。

　これまでの国鉄の姿勢では、与えられた需要を楽に確実に捌く観点から大単
位の列車を少数走らせる方式を採ってきたが、これを小単位の列車を多数走ら
せる方式に転換したのである。これには過去にも広島地区に国電型ダイヤを導

入したような少数の例もあり、余剰人員を多く抱えていたことも、列車キロが
増えるダイヤ改正に踏み切らせたのである。

　このようなダイヤ改正は、スジを引いて乗務員を配置すればできるというも
のではない。特急電車は8M4Tなどと「標準化」してしまったから、運転台
付きの車両が決定的に不足するのである。かといって、古い車両を廃車にして
短い新車を大量に買う資力は当然ない。短編成化すれば、運転台だけでなく、
車内電源やサービス設備なども短いながら移設や新設を進める必要がある。線
路の方でも、無駄な行き違い設備として撤去してしまった線路を必要最低限に
復活もした。大増発に伴って要員全体としては余剰であっても、それぞれの仕
事に従事するには当然に転換教育も必要になる。

　特急と地域の列車を大増発し、中途半端で古い車両が多かった急行を大削減
して、特急と快速などに転換するという大方針で全社的に見直して、しかも国
鉄時代に実現するというタイムリミットの中での計画だった。

　新幹線のスピードアップは、いわばもともとあった余力の活用で、民鉄は常々
行ってきたことではあるが、国鉄としては画期的だった。具体的には古くから
わかっていた0系駆動システムの余力で、最高速度210km/h、基準運転曲線
を描くための最高運転速度200km/hを、それぞれ225km/h、219km/hにする
ことで、余裕時間をほとんど変更せずに東京―新大阪間の所要時間を60.3ダ
イヤの3時間08分から2時間56分にしたことなど、東海道区間では隠し財源
の活用での大幅なスピードアップが目玉になった。一方、山陽区間では地域輸
送での民鉄並みに近づける工夫が応用された。

　60.3ダイヤでは我々がずっと主張してきた6-4ダイヤが東海道新幹線に採り
入れられたが、山陽区間は全くお粗末で、広島以遠のWひかり以外は16両編
成のA、Bひかりが5分と55分の間隔で走るという酷いものだったが、61.11
ダイヤではこの1本を廃止して6両編成のこだまとほぼ30分の間隔で走らせ
たのである。

国鉄最後のダイヤ改正の性格と実績

　国鉄最後の61.11ダイヤ改正は成長期での36.10（1961年10月）、43.10（1968
年10月）の両ダイヤともその後さまざまな国鉄問題の中で"これしかできま

図 4-14　開業以来の 0 系新幹線電車
余力が十分にあることは開業直後から判っていたが、国鉄末期にこれを活用してやっと東京 - 新大阪間で 3 時間を切る運転を実現した。(新大阪　1982.7.23　筆者)

せん " といういわば開き直りの 53.10 (1978 年 10 月) ダイヤとも全く異なる性格のダイヤだった。

　国鉄分割民営化の最大の目標は大幅値上げとスト権スト等で失われた顧客を取り戻すこと、言い換えれば「乗せてやるサービス」から「選ばれるサービス」への転換と、民営化に際しての最大の課題であった余剰人員対策であった。

　「乗せてやるサービス」とは国鉄的には「選ばれるサービス」の反対語ではなく「乗せてやらないサービス」の反対語で、長大編成等での輸送力は旅客輸送に関する限り、事実需要の大きい時間や区間でも積み残しを出さない程度には確保されていた。この形態を思想的にも改めて、小単位頻発ダイヤで今後もサービス機関として成立可能なレベルの、いわば民営化への最低限の質の高いダイヤを目指したのである。

　大増発することで乗務員の余剰をあらかじめ削減しておくことも狙った。このダイヤのもう一つの重要な意味は、分割後の会社境界をまたぐ列車をどうするかという大問題とそれへの不安を軽減するために、分割自体の議論も含めて論じられ作られたことである。

　国鉄として最後に取り組んだこの大計画は、当時の国鉄運転局列車課長であった進士友貞氏の著作『国鉄最後のダイヤ改正　JRスタートへのドキュメント』（交通新聞社 /2007年）に克明に記されている。

　新幹線では本文で記した技術的余力を活用した質的向上が顕著だが、在来線では「選んでもらえるダイヤ」に近づけるという思想面で民鉄型に近づけたダイヤを、国鉄としてできる限り採り入れたのである。特急は大増発されたが、実は急行からの格上げで、併せた列車キロでは増減なしだが、車両キロでは短編成化によって大幅に減り、60.3の平均編成長9.3両から61.11では8.0両に短くなった。普通列車では列車キロが9.5%増える中で、車両キロも5.7%増えている。これは廃止した急行用車両の転用などもあるが、主として昼間車庫で休んでいる時間を短縮して捻出している。

3　8年間のJR西日本社外取締役の体験

　2005年4月25日に発生した福知山線の事故[5]以来、筆者の生活は一変した。多くの新聞やテレビで事故の原因等の解説を求められ、世間的には鉄道事故の専門家と思われるようになってしまった。この事故以前にもJR西日本とは信楽高原鐵道事故[5]の刑事事件に際して、小野谷信号場での進行信号の乗務員に対する意味などの解説、警察への鑑定書の提出、東大・工学院大等との共同研究の付き合い等もあり、社外取締役として半ば内部の人となることになった。

　なお、筆者にとっては1975年に新幹線のダイヤ維持が困難になった際に、国鉄で対策を一緒に考えた仲間でもあった当時の運転局列車課の補佐であり、JR西日本では鉄道本部長を務めた後、この事故をきっかけに将来の社長候補として呼び戻された山崎正夫氏との久しぶりの再コンタクトの始まりでもあった。

フライデー

　社外取締役とは、取締役ではあっても執行役員ではないから車内のラインとしては何の権限も持たず、いわばご意見番である。取締役会での発言も、個人としての権限はなくとも真面目に聞いてもらえる立場のようだ。

5）表6-2参照

　そのような中で思いがけずに飛び込んできた最初の"仕事"が写真週刊誌フライデーからの取材だった。大学の研究室にやってきたフライデーの編集者は山陽新幹線博多延伸 6) 当時の新幹線の不良工事に関するキャンペーンを大々的に張っていた。これまでの掲載写真を持参して、「こんな高架線を高速走行している山陽新幹線には怖くて乗れないでしょう」と同意を求められた。"鉄道事故の専門家"と思われているだけに当然に同意すると考えてやってきた編集者にはどうやら意外な応対をしたらしい。川砂を使わなければいけないところに塩分を含んだ海砂を混ぜていたとか、充填剤が不足したままで、材木等のゴミを混ぜて見かけを誤魔化したなどの酷い例や、トンネル内でのコンクリートの剥落事例などは承知していた 6) ので、怖がらずに利用していることと、次回までにどんな対策をしているか、聞いてお知らせしましょう、ということで初回の取材は終わった。

　何回かのやり取りの結果判ったことは多かった。編集部も私も「本当に危険なら是非キャンペーンを進めて欲しい」という共通認識だったのに対して、これまでの取材に対するJRの態度は、最初から「敵が来た、追い返せ」という態度だったようだ。

　今でもJR某社の広報部は会社が言いたいことは積極的に発言するが、聞きたいことにはほとんど答えないという態度だから、多分西日本にもそのような態度が見られたに違いないのである。具体的な疑問に対しては丁寧に答え、当面の危険はない理由を説明するということを繰り返すうちに、キャンペーン自体がストップしてしまったのである。

　マスコミに対するJRの応対は概して過度に防衛的である。民鉄の多くは自社のデータ等を記した小型の「ハンドブック」などを毎年作って積極的に配布しているが、JR西日本も「データで見るJR西日本2006」などのわかりやすいデータブックも作っていて、以後余分に入手して記者に渡すことで理解を深めてもらうようにしている。

---

6) 検査がいい加減な国鉄に対する不良工事は施設だけでなく車両にまで多いことも知っていたし、一方で福岡県内の旧炭坑跡で陥没のおそれがある場所では当面徐行を続けて安全を確かめるという慎重な手法で、後にTGVが起こした陥没脱線事故という失敗を未然に防いでいた実績も承知していた。

民鉄との協調

　2005年から2013年の8年間にわたった社外取締役としての役割で最も力を入れたのは、民鉄から学ぶ姿勢を強く持ってほしいということだった。

　最初は速度超過事故のそもそもの原因の一つだったATSの違いを理解することから始めなければならないと考え、社内で開催した「保安システムのあり方に関する検討会」には民鉄代表にも参加してもらい、初回だけでも、と陪席を求めたのである。その結果、まさに心配していたことが起きたのだった。

　民鉄型とJRのATSのリストを社内で作ったものが資料として配られ、そこには速度照査のリストも含まれていたのだが、それが非常に古いもので現状とは異なると思われたにも関わらず、参加していた近鉄のM電気部長からは訂正の発言もなかった。仕方がないので、オブザーバで発言は控えるつもりだったが近鉄の速度照査の現状の説明を求めたのである。そしてM電気部長の重い口から、当初の方式では速度段の追加が難しかったが、高速化に際して照査速度段の追加が是非とも必要となったので、別方式を用いてあと2段階追加した理由とそのやり方の説明を頂いたのである。

　何故このようなことが起きるのか、民鉄幹部は運輸省が国有鉄道部と民営鉄道部とに分かれていた時代を長く経験しており、一方の国鉄は形のうえでは国有鉄道部が国鉄を監督するという建前ではあるが、実態は鉄道省の内局と実務部隊という意識が強く、省から言われなくても自ら律するはずという実態としては無責任体制になっていたのである。

　このように、国鉄は実力以上に偉ぶる体制があり、民鉄は国鉄には言いたいことも言わないという慣習が、民鉄になる気がなかったJRとの間にも続いていたのである。そのうえ関西地区では阪神淡路大震災の直後に国鉄時代の人脈を活用しての成功体験[7]があったので、JRと大手民鉄との関係は険悪でさえあった。

　この経験を経て、山崎正夫新社長には早い段階で関西民鉄代表としての阪急

---

7) 地震発生当日中に、JR東海がリニア路線調査用に確保しているヘリコプターに鉄道総研の災害専門家を乗せて空から調べて再建用の工事量を推定し、業者をいち早く確保し、JR九州が夏の繁忙期用に確保しているバスを運転手付きで可能な限り多く派遣するよう要請するなどして大手民鉄に先駆けて再建準備や代行輸送を進めた。

に頭を下げての仲直りをして頂いた。これは、阪神淡路大震災以後のさまざまないきさつの中でJRと民鉄との関係をJR側から悪化させていたのを、重大事故を起こしたあとで関係の修復が是非とも必要と考えたからだった。

根が深い国鉄体質の問題

　民鉄とは異なる国鉄体質の問題は、非常に多く体験することになったが、ここではふたつだけ例を挙げる。

（1）線路保守のためのローカル線の昼間運休問題

　就任早々に改善を強く求めたことがあった。それは、国鉄時代にローカル線を中心にときどき昼間の列車を運休にして線路の保守を進めてきたことの見直しだった。

　分割民営化の後でJR各社の対応は当然のように別れた。民営化に際して昼間の運休を止めた会社が多く出た中に、国鉄流を続けた会社もあり、JR西日本は国鉄時代には運休区間のバス代行を行っていたのを、バス代行すら止めてしまっていたのである。この会社ごとの違いは毎号のJR時刻表で全国民に知られてしまうので、事故後の会社のイメージ改善上極めて重要と考えた。

　山崎新社長にこのことを進言した結果、ある程度の理解は得られたようだが、簡単には首を縦には振らず、後日会社幹部のM氏からの説明を受けることになった。実はこのM氏、国鉄時代にこの方法を提案して確立した張本人だったので、自信をもって説明に来たのだった。説明内容は、この方法が如何に現実的で有効であるか、地元の納得も得たうえで進めていることなどを得意げに説明したのだった。現場主義の筆者はすでに姫新線での実態を調べて大変な弊害が出ていることも知っていたので、「地元の納得」の具体的な説明を求めたところ、「自治体の首長の了解」であることも判った。

　JR西日本は可部線（図4-15）の可部付近での都市開発が進行中であることを知りながら2003年に可部—三段峡を一気に廃止、この4年目から都市開発の進む区間の復活運動にJRも加わり、2017年に可部—あき亀山を電化して延伸という、明らかに無理な廃止をした前例もあり、地元自治体としては不満があってもJRを怒らせないことを優先して、渋々納得させられていたのである。

図 4-15　2003 年に廃止された非電化区間を行くキ
ハ 40 形の可部行き
既に宅地開発が進行中だった川戸駅進入の様子。2003 年
に廃止後 2017 年の部分復活に際しては踏切新設問題等で
大変な努力が必要になった。(1998.10　石川伊巳)

進言の結果は、桜井線のような都市圏では昼間の運休は止めることと、実際に起きている弊害を最小限にするためにバス代行（現実にはタクシー代行も多い）を復活することに止まったのであった。

(2) 基本的技術伝承の欠落

　もうひとつ筆者を大変驚かせたことがあった。

　1991 年には北陸線の田村から糸魚川付近の梶屋敷までの交流電化区間の内、長浜までが直流電化に、同時に七尾線も津幡駅を出てから先が新たに直流で電化され、小浜線も 2003 年に直流で電化されていた。七尾線のローカル輸送には直流専用の 113 系にわざわざ交直流特急車の余剰の交流機器を移設して 415 系 800 番台に改造するという JR 西日本らしい改造も

していた（図 4-16）。そして、2006 年には直流化は敦賀に達した。

　これらのことは、いずれ北陸線は直流化するという既定の方針があり、北陸新幹線の西進に合わせていずれ直江津までの全てが直流化するはずだった。

　いつ、どのようにしてこの基本方針が消えてしまったのかは定かではないのだが、新潟県のえちごトキめき鉄道が主として JR 貨物のための電気設備を持ちたくないという、肥薩おれんじ鉄道と共通の考えで旅客列車の気動車化を決めたのは理解できるとしても、富山県、石川県会社、いずれできる福井県会社に本来不要で高価な交直流電車を持たせるのはおかしい、との筆者の主張に対して、即答できる人が皆無で、次回には交流区間全ての直流化という方針自体

図4-16　北陸本線直流化までの繋ぎとして導入された415系800番台
七尾線電化に際しては北陸線直流化に先掛けて直流電化し不要になった特急車の交流機器
を直流近郊型に移して作った交直流車両。（七尾　1995.7.8　真鍋裕司）

がなかった、という驚くべき返答が戻ってきたのである。

JRの支社長 対 大手民鉄の社長

　民鉄がうまくやっているのにJRは何故うまくやれなかったのか。これに対して、本社の中枢部が考え出した解決策が、支社長への大幅な権限委譲だった。京都・大阪・神戸の3支社が統合された巨大な近畿統括本部[8]はいうに及ばず、新幹線を除く金沢・和歌山・福知山・岡山・米子・広島の支社にしてもそれぞれが大手民鉄並みの規模であることは間違いない。つまり、JR西日本は多くの大手民鉄の集合体として機能するはず、と言わんばかりの話だった。

　これに対する筆者の見解として、大手民鉄の経営トップは生涯その地域で活動し、地域のことは担当分野にかかわらず知悉しているのに対して、たかだか3年の赴任の後本社に戻る立場の支社長が同じ立場に立つはずがないと主張し

8）現在はこれより更に巨大化している。

たが黙殺されてしまった。

　阪急の文化と阪神の文化には地域的には近くても大きな違いがあり、不幸な外圧で経営統合することになってしまった後でも、阪急には阪急らしさが、阪神には阪神らしさが残るのが民鉄流なのである。

　JR系の経営幹部と民鉄の幹部にはもう一つ大きな違いがある。会社の組織図ではJRも民鉄も大差がないが、JRでは国鉄時代も通じて主として入社時の系統別にその内部で昇進してゆくのに対して、民鉄では技術畑と営業畑を渡り歩き、技術の内部でも線路・車両・電気等を渡り歩く昇進を意図的に採用しているのである。このようにして系統横断の繋がりができ、地域的にはそれぞれの文化を背負っているのが民鉄の指導者なのである。

退任に際しての社内での講演

　異例な形で就任した社外取締役だったので、8年後の退任に際しても前例のない社内幹部向けの講演会の開催を求め、山崎元社長を含む多くの幹部に"遺言"を残す機会を作ってもらった。限られたメンバーを対象にした非公開の内容のため、オープンにはできないことも多いが、そのごく一部を紹介したい。

　★国鉄改革派の一人、井手正敬氏の営業重視の姿勢が『井手商会』などと呼ばれることへの筆者の評価：たとえば国鉄流の「100kmまでのきっぷは自販機で101km以上は窓口で」を「近距離は自販機で遠距離は窓口で曖昧な距離は両方で」に変えた。さらに前述したJR西日本の新車221系（図4-9、図4-17）を他のJR5社の311系などの合計両数を越える大量増備をして、新快速の輸送力と速度の大改善を提供してアーバンネットワークの乗客を40％も増加させた。このような積極経営の姿勢は高く評価しつつ、マイナス面としては、技術軽視で、有能な電気技術者に適切な人事を行わなかったこと。

　★その後のJR西日本の評価：目に余る本業軽視と手薄な民鉄に大負けしている理由（たとえばこのチャンスを全く活かさなかった）として、普段は¥11,500だった青春18きっぷを、JR発足20年記念で¥8,000で売り出した結果、大増収になったという事実は共有したものの、これから今後につなげる何の教訓も得なかった。特に鉄道ファンには大人気の「常備券」（図4-18）と呼ばれる、名称とは正反対の、あらかじめ決めて印刷した枚数が売り切れると買えなくな

図4-17　大阪環状線を走る221系6連大和路快速
221系は6次に亘って474両も作られ、交流モーター駆動ステンレス車体の時代
になっても類似の車内設備でJR西日本発展の象徴のような車両。(桜ノ宮-天満
1990.9.9　成瀬伸夫)

るきっぷを求めて遠くから買いに来る客も多く、売れた額面以上の増収になっ
たはず。

　★口先だけの「技術重視」「現場重視」と多くの会議を開いて多くの厚い文
書を作成するだけの「改革」からの脱却と、これらを言わない民鉄に倣え！
などと "遺言" を置きみやげにしたのだった。

JR発足20周年青春18きっぷ

　値下げして発売した青春18きっぷは予想外の大増収をもたらした、という
事実は増収額とともに取締役会で報告された。収支に関する議論は、取締役会
の重要事項であり、対前年の増減を曜日配列や天候などで分析することには毎
回時間を掛けているが、この件では何も学ぼうとしなかった。

　「値下げして大増収」なら当然、純増分と本来もっと高い乗車券を用いるは
ずだった乗客がこれに流れた減収分との分析は最低限しなければならないが、
これすら全くせず、鉄道ファン的には数少ない常備券を買うために、事前に発
売駅を調べた上でわざわざ列車に乗ってその駅へ、中には常備券の発売を止め
てしまったJR東海や東日本エリアから買いにくる熱心な鉄道ファンも少なく

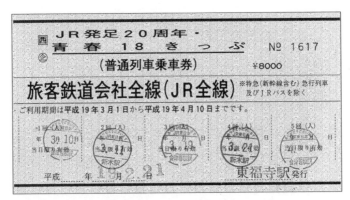

図4-18　JR発足20周年青春18きっぷの常備券（筆者所蔵）

ない。この人達を売り切れとして追い返している実態等を調べていないマイナ
ス面を説明したのだった。マルスでは無制限に発売したから大増収になったの
だが、予測をして九頭竜湖のような駅に買いに来て貰う作戦もできたはずだろ
う。希少価値も大切な要素なので、駅ごとに最適な印刷枚数を工夫するなど、
民鉄ならこの辺りも試行錯誤しながらも検討していたはずである。

第5章 海外の鉄道との関わり

1 イギリス

イギリス留学にシベリア鉄道で

　教官（今は教員）は若手の時代に約1年間の海外修行を積むのが慣わしだった。電気系では多くの人は米国の資金で米国行きを選んだのだが、鉄道に関する限り行く価値も低く、先方の資金も当てにできなかった。それに比べイギリスは「英国病」真只中の不景気ではあったが、世界の情報センター的なことには熱心で、調べてみると Birmingham 大学に若手の電気鉄道の教員 Mr. Brian Mellitt（1940-2022）がいることが判り、文部省の資金で受け入れてもらうことにしたのである。当時のルールでは国の資金での出張には国策会社の日本航空を使う決まりだったが、途中の移動自体が研究目的であるとして、工学部長限りで特に認めてもらって、横浜から船でソ連のナホトカに渡り、ナホトカから夜行列車でハバロフスクに移動の後、軍港都市で外国人立入禁止のウラジオストク始発のモスクワ行きに乗るという行程をとった。モスクワからはレニングラード（今のサンクトペテルブルク）経由でフィンランドのヘルシンキ、トゥルクからは船でスウェーデンのストックホルムに繋ぎ、また列車でノルウェイのオスロ、ベルゲンまで一家6人の長旅も無事と思われ、そこから先は当時の豪華客船で英国のニューカッスルに着くことになっていた。

　ところが、最後の行程でどういうわけか日本の旅行業者が手配した船の予約が取れていなくて乗船拒否に遭い、急遽港から公衆電話で飛行機を探して最後は空路でロンドンに着く羽目になった。

夏休みを前に北米を視察

　この滞在中の移動でもうひとつ予想外のことが起きた。大学の夏休みを前にして北米に出かけたときのこと、今で言う LCC のはしりでもある Laker 社の便でマンチェスターからカナダのトロントに飛んだのであるが、入国に際して不法労働者と疑われて別室で取り調べを受けたのである。英国人中ただ一人の

図 5-1　Amtrak の Metroliner
新幹線に刺激を受けて欧州では高速鉄道の国産化に進みつつあったが、対照的に米ソ両大
国は失敗への道を進んでいた。（Harrison 付近　1975.6.4　筆者）

図 5-2　GG1 もまだ Amtrak で活躍中
1930 年代にペンシルバニア鉄道が作った名機関車も 40 年を経てまだローカル列車牽引に
使われていた。（Harrison　1975.6.4　筆者）

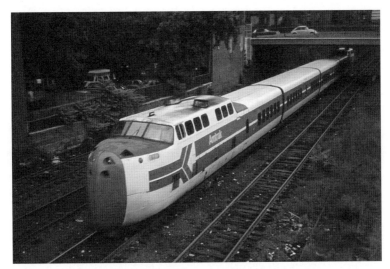

図 5-3　新しい Turboliner もあったが
非電化だった Boston まで電化されて消滅した。(Boston　1975.6.6　筆者)

アジア人で、帰りの航空券は持っていたが、普通の片道運賃よりも安い往復切
符では帰る証拠にはならないと論破され、詳細な訪問計画を説明させられた。
説明すると不法就労目的ではないと理解され、この後いったん米国に入り、再
び陸路でのカナダ入りに際してすんなり入れるようにと、調書の内容を詳細に
手書きした紙をパスポートに綴じてくれた。

大学での滞在中には

　大学では電気鉄道の研究室立ち上げの手伝いなどをしながら比較的自由な時
間がとれたので、学外では Electric Railway Society（ERS）という趣味の団体
と学協会との中間のような組織に顔を出し、そこの中心人物の Dr.I.D.O.Frew
には多くの人を紹介していただき、長い付き合いが続いている。

　当時のイギリスは、生産活動は長期低落傾向にあったが、不景気での週休3
日とか4日とかの生活を皆でエンジョイしている風だった。カナダに行くと言
えば、UTDC の誰某に会うと良い、とか、鉄道路線図ならニュージーランド
出身のこんな人がイギリスで個人出版をしているとか、情報はきわめて豊富
だった。こうして、Railway Gazette International や Thomas Cook Timetable

図 5-4　台湾鉄路局 EMU100
1978 年に日本で作れない仕様にして英国が輸出した 1M4T の電車だが予想通りの悪評
だった。これは動態保存車の復活運転の例。（萬栄－光復　2018.7　白川 淳）

の要人とのコネも深まり、お付き合いは後年まで続いている。

　大学では Mellitt さんの出張に、彼の車に便乗する形で同行して電機メーカー
などを訪ねたりもした。ちょうど台湾の西海岸幹線の電化に際しての車両の売
り込み中の時期で、イギリスの作戦なども競争相手の日本から来た筆者を前に
あけすけに議論していた。日本には作れない仕様にする作戦として 1M4T の
電車とし、価格競争にも勝てるようにイギリスの GEC 社で設計して南アフリ
カのメーカーに作らせること、カルダン駆動に拘っている日本では狭軌の台車
には 300kW 級の直流モーターは搭載できないから吊掛駆動で対抗しよう、な
どである。作戦は欧州系コンサルの助けもあって予想通りに英国が落札し
EMU100（図 5-4）として実現したが、成績も予想通りに悪く増備車からは電
動車比率を 2M3T に高め、蔭のメーカーだった南アフリカの UCW 社製の
EMU200 に変わり、やっと安定稼働に入った。

　この時のヨーロッパ鉄道歴訪の旅は 1974 ～ 1975 年のことで、英国では
HST を用いた Intercity 125 が走り始める前ながら、幹線での 100MPH（161km/
h）運転は当たり前で、新線建設の予定はないが、すでに幹線にはほとんど踏
切は残っていない状況、スイスでも 1982 年の大規模なネットワークダイヤ
Taktfahrplan の採用前のことである。大陸の鉄道王国と見られていたドイツで

は München 博で一旦走り始めた 200km/h 運転が線路破壊の進行で中止されたものの、200km/h 運転用の電気機関車 103 型はすでに大量にあり、フランスには少数の機関車牽引の 200km/h 運転の列車は継続して運転中だが拡大することもなく、イタリアは振子電車 ETR401 の開発を進めていたが故障続きだった。それぞれ国ごとの特徴を出しながらも日英独仏伊の 5 カ国はよく言えば切磋琢磨中、悪く言えばドングリの背比べという状態であった。

図 5-5　British Rail の公式
時刻表

イギリスの 3 種の時刻表

　もともと多くの民間会社が作った鉄道網が 1948 年に国有化されて British Rail を名乗っていた当時のイギリス、正確に言えばイングランド、ウェールズ、スコットランドの 3 カ国では、

　(1)　**公式時刻表**：ブリテン島の鉄道が出版したもの（図 5-5）

　(2)　**ABC 時刻表**：イギリス人、特にロンドンとの往復をする人の多くが使っていたもの

　(3)　**Continental Timetable**：日本人やドイツ人に広く知られていた Thomas Cook 社のもの

の 3 つがあった。

　これらは目的も見かけも全く異なるものだった。

　(1)　はほとんどのイギリス人に存在さえも知られていない、厚くて使い物にならないものだった。

　(2)　はロンドンに住む人が行きたい町や駅名を ABC 順に引いて使うというロンドンと各地の往復者専用ともいえるもので、外国人の鉄道ファンにはほぼ無縁のものだった。

　(3)　はもともとはイギリス人が欧州大陸に行く旅を計画するためのもので、最初は文字通りの大陸の鉄道だけを掲載していたようだが、(1) が単に列車別に並べただけで使い物にならないために自国の列車も含んでいたから、海外からの鉄道ファンにはこれだけあればよいというものだった。しかし、英国国内

ではこれを購入するのは専ら旅行社だけで、客との
相談に際して、プロが顧客の目の前で調べて即答す
るように作られていた。

　この Thomas Cook 社で時刻表の編集に長く関わっ
ていた J.H.Price 氏（1926-1998）は路面電車の著書も
多い高名な鉄道ファンでもあり、1950 年には Conti-
nental Timetable の編集部に加わり 2 年後の 1952 年
からは永らく編集長を務めていた。筆者が英国に出
かける前年の 1973 年にはこの時刻表は発刊 100 年記
念号として、目立つ銀色の表紙で出版された（図
5-6）。

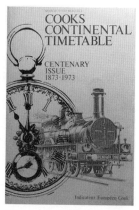

図 5-6 『Continental Time-
table』銀色の表紙
となった発刊 100 年
記念号

クック社による世界の鉄道時刻表出版

　Price 氏は筆者が英国から帰国後の 1980 年には欧州以外に米国とカナダも含
めた企画が好評だったため、欧州以外の全世界を対象にした別冊として Over-
seas Timetable を発刊する計画を進めていたが、米国とカナダに次いで重要な
国である日本の国鉄は、時刻表情報を民間の出版社には出さず、ましてやダイ
ヤ改正前にその予告情報など出せるわけがないと全く非協力なので何とかなら
ないかとの相談を受けた。

　そこで、こんなものを作るつもりというまだ内容がほとんどない Pilot Issue
を貰って、そのとき国鉄の運転局長を務めていた山之内秀一郎氏に相談して、
弘済出版社（今は JR 時刻表は交通新聞社から出版されているが、その部門の
前身）と掛け合って貰ったが、印刷した時刻表ができ次第航空便で送ることま
でが限界、とこれがその後ずっと続いた。

　なお、Overseas Timetable の編集長には Peter Tremlett 氏が就任したが、そ
の後も 1988 年に Price 氏が引退するまでは実質的には同社の全時刻表のボス
だったようだ。

Railway Gazette 誌との関わり

　高名な鉄道ファンでもある人が鉄道界で永らく重要なポストを占めていたも

う一つの例を挙げよう。世界の鉄道界のニュースをある程度詳しく知るための手段としては、インターネット検索が普及するまでは英語による定期刊行物によるのが一般的であった。その代表的な物の一つが Railway Gazette International（RGI）誌であるが、筆者の在英当時の編集長だった Richard Hope 氏（1934-2019）は 1970 年〜 1991 年の在任期間後も永らく Consultant Editor として編集に携わり、筆者からのクリスマスメールの中から面白そうな日本の話題を見つけては、執筆依頼やデータの提供を求められたものである。

徹底的な現場主義の氏のエピソードの一つとして、海外 67 カ国の鉄道を知り尽くし、たまたま自国で乗っていた列車の脱線事故に遭遇した際には持参している軌道回路短絡器で対向車線の列車防護をプロよりも先に行ったという。滞在 2 年目の長くて暗い冬が明けて英国のもっとも良いシーズンには自宅に招待され、花盛りの庭でご夫妻から夕食をご馳走になった良い思い出もある。

RGI 誌に投稿した一例を示そう。日本からの情報が少ないヨーロッパでは1983 年にフランスのリールで開業した VAL（Véhicule Automatique Léger）が世界初の無人運転の軌道系都市交通機関と信じられていた。筆者は神戸新交通がポートピア '81 を前に開業し、博覧会期間中は添乗員を乗せ、後に段階的に無人化を進めたプロセスの議論にも関わっていたので、これの詳細を記して世界初の都市交通の無人運転、今の用語でいう GoA4 レベルのものは 1981 年の神戸新交通であることを明らかにした。

2 スイス

ヨーロッパの鉄道歴訪とスイスへの目覚め

英国滞在中 Birmingham 大学が長い夏休みに入ると、まずは一人でヨーロッパを鉄道で見て回ることにした。幸いにユーレイルパスの利用価値は近年よりも遙かに高く、多くの国際列車や国内の長距離列車にはほぼすべてに 1 等座席車が連結されていた。これが夜になるとガラ空きになって、6 人用のコンパートメントを一人占めできることが多く、座席を引き出せばフルフラットになる近年の国際線航空機のビジネスクラスに近い設備で、今でもごくわずか残っている。このおかげで事前の予約なしで、かなり広い範囲を効率的に見て回ることができた。

駅での窓ふき風景

車窓風景を楽しむ仕掛けの一つ。わが国でも運転室
正面窓については多くの駅で実施している。(SBB
Luzern 駅 1979.6 筆者)

ローカル線の光景

大出力電車［左］と電気機関車［右］が共通に使われ、
左の電車には 1 等、2 等それぞれに喫煙室と禁煙室が。
(RhB 鉄道 Susch 駅 1975.9 筆者)

SBB の小出力電気機関車

必要に応じて機関車の両側に客車を繋いでも通り抜
けが出来るように配慮することで電車と機関車を共
通に使える。(SBB Luzern 駅 1979.6 筆者)

終着駅 Champery に着いた電車

当時の電車は両運転台の電動車が運転台のない客車
を牽引していた。到着後運転士一人で入れ替えもし
て発車。(AOMC 鉄道 1999.6 筆者)

図 5-7　スイスの鉄道点描

　こうして当時の西側諸国のほとんどの国を訪れたのだが、中でも飛び抜けて
魅力的なのがスイスだった。景色の良さでも電化率の高さでもなく、鉄道を中
心とする公共交通システムとしての完成度の高さに目を見張るものが多かった
のである。後で家族を連れての帰国前の再訪で、最初には気づかなかった物価
の高さも実感することになるのだが、ユーレイルパスで移動を繰り返している
とこれには気づけなかった。

　当時、英仏海峡には通常の船以外の高速の乗り物として、海岸から浮上した
状態でそのまま海上を浮上走行するホバークラフトがあった。乗り心地に多く

の問題や意見があったが、サイズが大きいほど良いとして世界最大のホバークラフトに一家6人で試乗してみた。反応は6人6様だが、結論的にはやはり便利ではあるが一般的な乗り物としては失格、というものだった。

　訪欧当時の欧州は、いわばドングリの背比べという状態の中で、国鉄外務部の海外鉄道技術情報誌（外鉄情報）にはほとんど登場しないスイスが後のTaktfahrplan 導入前ではあるが、際だっていたのである。

　夜行列車で移動、次に宿泊するホテル所在都市駅には手荷物を託送[1] しておいて昼間は身軽に移動し、また夜行を捕まえるというスタイルでは、狭いスイスには国内で完結する夜行列車はないから必然的に周辺国との出入りが数えられないくらいに増えることになった。

　上記5カ国とスイス以外で特徴的な国はイベリアゲージ（1668mm）を採用しているスペインだった。すでに軌間可変客車タルゴを用いた直通（機関車は交換）、国境駅で深夜に台車交換をする直通夜行列車、国境駅で乗換の昼行列車の3種が揃っていた。

　さて、本題のスイスのどこがすごいのか、①まず運行が正確で窓ガラスがきれいなこと、②バスや船も含めて乗換にもよく配慮されていること、③観光地では季節波動が非常に大きいにもかかわらず、常に座席が供給されていること、④その結果として、予約不要で座席指定や急行料金のような仕組みがないこと、⑤ローカル線では徹底的に従業員の数を減らしつつ、多様なサービスをしていること、⑥1等2等それぞれに喫煙・禁煙室を持つトイレ付きの非常に強力な動力車が必要に応じて各種の客車を併結して走っていること、などである。当時は動力車にしか運転室がないものが多く、終点では入換が必要なケースが多かったが、この作業に加えて、切符の販売、荷物や新聞・郵便物の取り扱い、駅の清掃、信号扱いまですべてを運転士一人でこなしていたAOMC[2] のよう

---

1) 日本でチッキ（checked baggage の訛り）と呼ばれた乗車券所持者の手荷物を乗車券有効範囲の駅に託送するサービスはどこの国にもあった。今でも進歩した形で残っているのはスイスだけである。

2) Aigle Ollon Monthey Champery 鉄道。当時の Champery は1線片側ホームと牽いてきたトレーラを入換するための、起点側への分岐線一つだけの、国内で言えば吾妻線の大前のような簡素な駅だった。今では Chablais 公共交通の1路線で Champery も観光地になっていて、近代的な連節電車が用いられているから Champery での入換は不要になっている。

な例も見られた。

交通システム工学寄附講座でのスイス人研究員の貢献

　第1章-2で述べた交通システム工学（JR東海）寄附講座には多くの国から客員教授を招いて研究を進めてきたのだが、当然スイスからも客員教授を招きたかった。ただ、客員教授に就任していただくには少なくとも4ヶ月は東大に滞在する必要があり、この条件で来て頂ける人は大学にしかいなかった。大変素晴らしい交通システムの実績を上げているスイスからは大学人ではなく、実務の責任者に来てほしいと交渉した結果、1人4ヶ月はどうしても無理、その代わり4人で1ヶ月はどうか、との提案を受けた。

　こうして客員教授ではなく客員研究員としてお招きできたのは、スイス連邦鉄道（SBB）のインフラ部門のトップ Oskar Stalder 氏、同信号部門の責任者 Rolf Gutzwiller 博士、ベルン都市圏の地方交通 RBS の CEO Peter Scheidegger 氏、ベルン州の観光地の鉄道 BOB グループの技術トップ Hans Schlunegger 博士という大変な顔ぶれだった。

　事前にこちらの要求も来日する4人の希望も詳しく相談できたので、来日前には日本各地での講演用の立派なテキスト（図5-8）も準備され、日本全国の視察旅行と日本での講演もセットで企画し、500系での山陽新幹線 300km/h 運転の運転台での視察、スイスでは狭軌（1000mm ゲージ）の鉄道は2級線と見られているが、JR北海道のスーパー北斗が札幌から函館まで2時間59分での運転が全駅定時通過という実績を目の当たりにして狭軌の鉄道を見直し、更には当時上高地への登山電車実現の運動もあって、今は松本市の一部になっている安曇村の村長との議論など、多彩な活動をしていただいた。

　スイスの鉄道は、ヨーロッパで一番輸送密度が高く、国鉄以外の鉄道が数多くあり、列車の運行が正確という点で日本との共通点が多い一方、日本から見て、輸送密度の低い路線でも良いサービスが維持されている点や、異なる輸送機関相互の連携が良く取れている点で学ぶべき点が非常に多いと感じたのである。

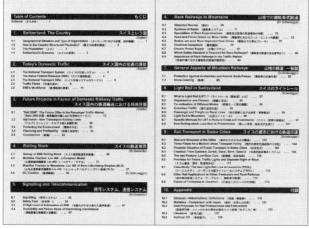

図 5-8　寄附講座の日瑞鉄道セミナーで使用した冊子「Railways in Switzerland」
Oskar Stalder 氏以下 4 名の研究員による共著で、スイスの鉄道に関わるハード・ソフトの概要が 129 頁に
わたり詳しく記されている。

スイステレビの人気旅番組と京急との仲介

　スイスでは、接続を画期的に改善した線としてではなくネットワークとしてのダイヤ Taktfahrplan を 1982 年に導入してから輸送量が急激に増加し続けていて、それに伴って列車の定時運転率の低下傾向も顕著になっていた。それでも定時運転率ではスイスはヨーロッパの最優等生なので周辺諸国からは学ぶことができず、危機感が強まる中で日本の高密度輸送を安全・正確にこなすノウハウを是非とも学びたいと筆者に求めてきたのである。そこで、交通新聞社から鉄道技術者ではないジャーナリストの三戸祐子さんの著書『定刻発車〜日本社会に刷り込まれた鉄道のリズム〜』が 2001 年に出版されて話題になっていることを伝えると、日本語のままでよいから入手したいとのことだった。面識がなかった著者にも連絡を取り、直接の協力の可能性も打診してみたがこれは難しそうだったので、著書を届けたうえでやはり直接の現場をスイスの鉄道技術者に見て貰うことにしたのである。

　首都圏では是非詳しく見ておくべき路線として京急を推薦し、寄附講座でのセミナーの合間にも何回かの視察もしてもらっていた。

　これが 2007 年に実を結んだのが、スイスの NHK に相当する公共ドイツ語

放送 SRF の人気旅番組 "Fernweh — Zug um Zug"（異国の憧れ列車）での密着取材をもとに構成した "Die Pünktlichkeitssamurai"（定時運転のサムライ）だった。客員研究員の代表だったスイス連邦鉄道（SBB）幹部の Oskar Stalder 氏の部下だった SBB の運行幹部 Dr. Felix Laube や SBB の Anton Ackermann 運転士らが同行、京急の鈴木聖史氏と綿密な企画・打合せを行ったうえで、専属カメラマンや筆者を含む取材グループ一行が前夜金沢文庫近くの旅館に泊まって、早朝の御園生　誠 運転士らの出勤・点呼からラッシュ時間帯 2 時間を含み、途中運転室交代を 15 回、分割・併合 3 回を含む午後の勤務明けまでの行程をいわゆる密着取材して作成した番組を作り、併せて直接高頻度運転のもとでの定時運転実現のノウハウをラウベ博士に見て学んでもらったのである。

　JR などとは違って京急では運転士と車掌はかなりの期間にわたって固定のペアを組んで仕事をしており、途中の休憩も一緒である。鈴木さんには上記のように多様な行路を選んでいただいたので、比較的短い時間の中で実にさまざまなシーンを撮ることができた。

　後に DVD が制作会社から、ラウベ博士からは放送されたナレーションのスイスドイツ語の英訳が届き、それを和訳して京急の石井信邦氏ほか、必要なところにはお礼代わりに届け、喜んでいただけた。

　SBB の専門家が直接学んだことは別にして、スイス SRF での放映内容は、日本の鉄道会社にとってはやや厳しいものだった。

　イントロでこそ「ヨーロッパでは一番正確な SBB のダイヤ制作者さえもが、東京で如何に正確に走らせているかを学びにやってきた」と始まるのだが、乗務開始前の点呼、制服着用や、休憩前の引き継ぎ等の日瑞の違いを紹介、途中の休憩時間には運転士の「休憩室にマッサージチェア、SBB にも欲しいネ！」などのコメントが入り、随所に日本との違いが違和感を込めて紹介されている。

　例を挙げれば、列車別に整列乗車、戸挟み対策は日本では注意ステッカーのみだがスイスでは二重の戸挟み防止機能付き、混雑度ランクを SBB では A ～ F に分けているが、最悪ランク F の直前にもかかわらず正確に走り続けていて、その正確さの基準が京急では 20 秒まで許容、30 秒以上は報告義務だが、SBB では 120 秒、イタリアでは 15 分など。そして、最後は「京急での体験は面白かったが、これがスイスに適しているとは思えない。30 秒も遅れることがないキ

ビキビした動作よりも、少々モタモタしていてもどの列車にも座席がたっぷりあるなど、スイスの良さを再認識することになった」という締めだった。

国内でのスイスの鉄道紹介者 長 真弓氏と大内雅博教授

　スイスの鉄道に強い関心を持った筆者は、平凡社のカラー新書「スイスの鉄道」（1980 刊）の著者 長 真弓氏（1930-2011）と知り合う機会に恵まれ、海外鉄道研究会（IRSJ）の副会長であった氏からのお誘いで同会に入会し、その後、小池 滋会長（1931-2023）の後任の会長にもなり、2003 年に長氏が JTB の Can Books から「スイスの鉄道」を出版された際には私が推薦文を書かせていただくことにもなった。この本は約 60 社に及ぶスイスの私鉄を詳しいデータと美しい景観の中での代表的列車車両の写真とで紹介しているスイスの鉄道のバイブル的な書物である。

　鉄道事業の運営面でのスイスの鉄道の見習うべき事をまとめた書物に、高知工大の大内雅博教授の「時刻表に見るスイスの鉄道 - こんなに違う日本とスイス」（交通新聞社新書 2009 刊）がある。距離あたりの運賃を共通に定める上での「擬制距離」の手法など、日本にも導入すべきさまざまな手法を高い説得力で具体的に紹介しており、工学院大学での鉄道講座でも何回も講座を担当していただいた。

図 5-9　長 真弓著「スイスの鉄道」
JTB Can Books のこの一冊はスイスの鉄道の全貌を知るバイブル的な本

図 5-10　大内雅博著「時刻表に見るスイスの鉄道」
交通新聞社新書のこの一冊は便利なダイヤと鉄道経営の鍵を解説

日本の IPASS とスイスの EasyR!de

　1990 年代に出札・改札の自動化に伴うさまざまな弊害が出て、近い将来に登場するはずの携帯情報端末を活用した IPASS（Intelligent Passenger ASsistance System）と名付け

た仕組みを東大の交通システム工学寄附講座で検討していた。これは乗客個別のニーズに合わせた多様で高機能なサービスの提供を、改札を廃止して作る新システムの提案だった。

　同じ頃、もともと駅に改札のないスイスでは乗り物の出入口で腕時計型の携帯情報端末でチェックすることで、IPASSから個別の案内を除いた機能を持つEasyR!deというものの開発を進めていた。互いに開発研究の存在を知ることになり、若干の交流も試みたのだが、結果的には共に実用化には今のところ失敗している。

　日本では改札廃止自体に鉄道側の抵抗が強く、交通系カードを市中の店での買い物に普及させたいという動機が加わって交通事業者が乗り気にならず、一方のスイスでは男性の国民皆兵に伴う制服での訓練時には全ての公共交通に無料で乗車できるシステムとの相性が悪いなどの些細な問題で失敗に帰したようだ。

スイスの鉄道車両メーカー Stadler 社育成への協力

　2008年にStalder氏から、ヨーロッパで巨大化した欧州3大車両メーカーの悪影響対策として、スイス国内の特殊車両メーカーStadler社を汎用車両メーカーに育てたいという話があり、筆者に協力を求められた。

　SBB向け2階建て中速長距離用電車の提案に向けての議論に本社のあるBussnangに来て加わって欲しいとのことで翌年2月に訪瑞した。日本にはJR北海道で車体傾斜による内傾と空気バネの制御による外傾防止の併用案が一部実用化されていたが、ダブルデッカー車への応用は困難で個人的には車体の外傾防止と座席だけの内傾という前例のないタネで議論したのである。

　この時の結果は、競争相手であるBombardier社に敗れて2010年にRe502系として発注されたのであるが、結果的にこれは大型の商談としては歴史的な失敗作となった。2013年に納入されてから何とか使えるレベルの特性で使用開始までに6年ほども要した。

　なお、Stadler社はその後得意の連節中速車をSBBにRe501系として納入し、

図 5-11　SBB のボンバルディア製ダブルデッカー車 Re502 系
2013 年に納入されたものの車体傾斜補償装置 WAKO がまともに機能せず、改善要請も担当した旧東ドイツの技術者に理解されず、長い休車を経て WAKO そのものを断念することになった。（Frutigen 構内 2017.8　筆者）

すでに運用を開始しており最近のダイヤ改正から一部最高速度 249km/h[3] での運転を始めている。

鉄道技術展での日瑞セミナーでスイス側の講師に

　2010 年にスタートした幕張での鉄道技術展が 2019 年に 6 回目を迎えた際に、スイスが初めてパビリオンを設置したのを記念して、「日本の鉄道産業がスイスから学ぶべき点」というスイス側での観点からの講演を筆者が行った。この内容を含むより詳しい寄稿は、鉄道技術展のアドバイザーを初回から続けている鼠入隆志氏が発行している「鉄道車両と技術」[4] 誌にも行った。

3　中国との付き合い

1988 年頃の中国とその後の急変

　最初の訪中は当時四川省の峨眉にあった西南交通大学という電気鉄道の国家

3）UIC は高速鉄道の定義として、新設路線では 250km/h 以上の速度で運転する区間としているが、国土が狭いスイスは高速鉄道は造らないと表明しているため、実質 250km/h の運転を予定している世界最長の新設トンネルであるコダルドベーストンネルでの公式最高速度をこのように表現している。
4）曽根悟「日本の鉄道産業がスイスから学ぶべき点」（鉄道車両と技術 25-5 No.267 pp2-7（2919-10））

重点大学から声が掛かり、1988年の夏休みに集中講義をするためだった。同年秋には電気学会の編修理事として学会間交流で北京にも出張した。この時代の中国は、電話を掛けるのも大変で、申し込んでから早くて1時間、遅ければ半日以上待たされ、電話交換所は大学や各事業所で最大の建物で、電話の交換業務だけでなく、交信記録や必要なら翻訳までも行う設備なのだった。庶民は列車の切符を購入するために徹夜で駅に並ぶのが普通のことで、私は運転手・通訳・宿舎付きで移動する特権階級だった。持参した手土産や資料は組織のトップに渡して関係者に配ったつもりだったがこれは大失敗で、これでは幹部が一人占めして誰にも渡らないのが当然の世界だった。

　4年後に鉄道部の長春客車工廠から電気鉄道の講義を頼まれたときには状況が変化する兆候が少し見られたが、そこで北京の地下鉄車両の電機品を納入していた東洋電機製造の技術者にも会って、最新の計算機制御の輸入工作機器が並んではいるが使いこなせていないなどのお話も伺ったのだが、その方は何と2006年に社長に就任された大沢輝之氏だった。直接確かめたわけではないが、長春軌道客車が東洋電機の電機品と組み合わせてイランに輸出した地下鉄車両の仕事に携わっていたのではと考えている。

北京交通大学の客員教授に

　2006年からは、曽根・古関研究室で、博士号を取得した後、東芝を経て北京交通大学の電気系で副教授（後に教授）をしていた楊 中平氏からの招きで頻繁に訪中するようになった。はじめは北京交通大学の客員教授として、その後は中国政府から任命された客員教授（中国語では客座教授）として2012年までの間に20回、そのうちの6回は15日を越える滞在のためビザを取っての訪中になった。目的は主として北京交通大学での講義と研究指導であるが、上海工程技術大学での講義も複数回、蘭州交通大学や、峨眉から省都の成都に移転後の西南交通大学でも講演を行った。テーマは主として高速鉄道であるが、上海では都市鉄道の話や研究指導をした。当然、建設中も含めて高速鉄道や都市鉄道の視察や討論、各種の国際会議にも出席し、電鉄関連のメーカーも訪れた。

　楊教授は、日本の新幹線を紹介する専門書や啓蒙書を次々に出版し、大学に

図 5-12　楊 中平 著「新幹線縦横談」
2006 年 7 月に中国鉄道出版社から出版された日本の新幹線を紹介した北京交通大学教授の著作。2012 年には第 2 版が出され、日本のN700、E5 系、E6 系、フランスのAGV なども加えて比較できるようにしている。

籍を置きつつ中国鉄道部（鉄道省に相当する国家組織で、後に組織変更して中国鉄道総公司、今の呼称は中国国家鉄路集団有限公司）で高速鉄道に関する仕事に過半の時間を割いて進めてきた。

　中国の事情はこの頃にはすっかり様変わりしていて、トップに渡した情報は必要な部下にはすぐに広まり、質問には的確な部署から素早く応答があったし、情報公開も急速に進んでいた（図 5-12）。電話は当然に自動化されていたが、携帯電話が急速に普及して固定電話の必要性低下は日本よりも遙かに進んでいた。相変わらずの客員待遇で、着任に伴う空港から宿舎までと、その逆の離任時だけは大学の公用車を使用したが、日常の移動に運転手付きの車を用いることはなくなり、出張等の移動に伴う乗車券は誰がどのように入手していたか詳細は不明ながら、希望する列車や設備の切符はほぼ確実に入手でき、教員と一緒の移動は教員のマイカーに同乗するという先進国型の姿に変わっていた。組織としての融通性に関しては、むしろ日本の方に問題が多いと感じるようになっていた。

　客座教授退任後も 2018 年までに国際会議 2 回を含めて楊教授の招きで 5 回、全くの私用の旅で 1 回訪中した。2019 年以後はCOVID19 で機会がなくなったのだが、実はそれ以前にも、2003 年 3 ～ 4 月にSARS 下の香港で、2009 年 6 月には広州・株州、9 月には北京でH5N1 型の流行下での短期間の隔離を含む滞在もしていて、感染症にも縁が深い。

日中高速鉄道の比較

　日中の鉄道に関する姿勢は全く異なり、世界中が環境・エネルギー・安全問題で道路と航空機から鉄道へのシフトを積極的に進めている中で、日本は明らかにこの動きに乗らずに少子高齢化の中での消極策を取っており、中国は世界の標準を大きく越えて鉄道へのシフトを積極的に進めている。その結果、2007 年 4 月の第 6 次高速化で 200km/h を越える運転を開始した際に、いきなり単

図 5-13　「CRH2 型動車組」
2008 年に出版された系列別の
解説書で、部内のみならず一般
にも市販された。B5 判 588 頁
95 元。

線換算での高速運転区間が 6,003km（つまり複線で 3,000km 余、以下路線長はすべて複線長）と世界最長になったうえ、2008 年の本格的な高速新線が北京—天津に開業してから 12 年の間に高速新線の距離が約 30,000km になり、世界第 2 位のスペインの約 10 倍に、日本が 50 年間に作った新幹線を毎年建設している計算になる。営業列車の最高速度 350km/h でも定期列車の起終点間表定速度（北京南—上海虹橋）303km/h（著者による推定値）でも単独首位である。

2011 年 7 月に温州で起きた雷害をきっかけにした代用閉塞[5]の取り扱いミスで発生した追突事故は、その後始末や事故報告書の内容などで世界から批判を浴び、その後の 10 年間には変圧器からの火災などでの数時間の運転停止は何回かあるが、死傷者を出すような大きな事故は高速鉄道では発生していないようだ。

国の体制の違いや急速な発展のため最新データの詳細には不明な点もあるが、高速鉄道の路線長は 2022 年 8 月末現在で 40120km[6] 世界の 2/3 以上、輸送人キロでも日本を大きく上回る実績の中で、安定・安全輸送がなされている。

日本の停滞と中国の発展の違いがどこから来たのかは興味深いテーマと思われる。ここで詳細にこの問題を論じるつもりはないが、大きな違いが少なくともふたつある。

ひとつは指導者の考え方である。長年、自主開発を試みていた中国であったが、2004 年頃に国全体の発展との関係で、自主開発では間に合わないことを正しく認識し、先進国からの技術導入に方針転換するとともに、将来を見据えた作戦を立てたのである。少数の完成車の輸入とともに、平行して先進国に派遣した技術者の教育と、国産化に向けての製造ラインの中国国内での建設を契約のセットにしたのである。次いで部品のまま輸入して、国内の工場で組み立

5) 装置や線路の故障、計画工事などにより、通常の閉塞方式を使用できない時に代わりとして使用する方式。
6) https://uic.org/IMG/pdf/uic-atlas-high-speed-2022.pdf の数値から台湾の分を引いた大陸の分。

て、次第に国産化率を高める方式を契約として認めさせたのである。

　ふたつ目は、優秀な一流大学をトップクラスで卒業した学生に魅力ある職場を提供していることである。鉄道こそ国を代表する成長産業であるとして優れた人材を多数そろえ、徹底的に技術情報を公開したのである。近年のわが国のやり方とは正反対の部分が多い。

　また各国から導入したものを比較して良いところを取り入れるのは当然だが、取り入れる早さにも目を見張るものがある。例えば、固定座席に順番に数字を割り当てる座席指定方式は、韓国も含めた東アジアで好評な転換／回転シートには不適切で、日本式の、3人座席にはA、B、Cを、隣の2人席にはD、Eをと説明した。すると、ヨーロッパ式の固定座席をすぐに回転座席に設計変更・改造したうえで、3人席はA、B、CかD、E、F、2人席はA、CかD、Fという車両の向きにかかわらず使える航空機式を採用したのである。

　当初の技術導入車はほぼ原産国の方式のままだったが、少しずつ国内向けに改善を進めている。例えばCRH2（図5-13）には日本式の乗務員用の扉があったが、国産化率を高めるなかでこれを不要とし、設計変更をしている。ちなみに、700系をベースに台湾の高速鉄道に持ち込んだ700Tでは最初から乗務員扉はない。

　国産化率を高めたCRH380シリーズ（図5-15）では原産国の手法を中国式に発展させ、その後の標準電車の構成では、日本式の先頭車はT車、中間車はM車、ヨーロッパ式の先頭はM車、半数はT車から学んで、標準車として作ったCR400AF、CR400BFはともに先頭T車、MT同数にした。先頭車T車は間違いなく正解だが、MT同数が正解か、先頭以外は全てM車という日本式がよいかはいずれ結論が出るだろう。

　同目的に同時に作った標準車が2種類あるのも如何にも中国的である。対外的には中国の車両メーカーは中車1社に統合されたことになっているが、国内的には旧南車と旧北車とで競わせるためにCR400AFとCR400BF（図5-16）とを同時に作ったのである。

高レベルの全国鉄道網と低レベルの都市鉄道
　鉄道省に相当する鉄道部が管理運営してきた現在の中国国家鉄路集団は人材

図 5-14　CRH2 型
CRH2B-4098。元になった JR 東日本の E2 には通勤電車以外では世界的に例の少ない乗務
員専用扉があったが後に不要として設計変更した。（無錫　2018.3　服部朗宏）

図 5-15　CRH380A 型
CRH 380A-6090。CRH2 をベースに国産化比率を高めた CRH380A と CRH3 をベースにし
て国産化比率を高めた CRH380B が作られた。独自技術が多く加えられてはいるが、元に
なった日本とドイツの技術を引き継いでいる。日本流の CRH380A が先頭車以外は全て
M 車であるのに対し、ドイツ流の CRH380B は先頭が電動車で MT 同数という違いがあっ
た。（鄭州　2013.12　服部朗宏）

図 5-16　CR400BF 型
旧北車製の CR400BF 5022。標準化に際して日本式の先頭制御車、ドイツ流の MT 同数を
採用したが、旧南車と旧北車を競わせる方式は踏襲した。（天津　2018.11　服部朗宏）

も予算も豊富で、たとえばわが国の鉄道総研に相当する中国鉄道科学研究院（鉄科院）には世界的レベルの流体力学の専門家などがいて、高速鉄道車両の空力特性などをうまく設計しているし、車両の標準化に際しては制御装置の設計・製造を担当した。現場と研究部門との軋轢は世界共通のようで、互いに悪口を言い合う姿も見られるが……。

　これに引きかえ、都市鉄道のレベルは残念ながら低いと言わざるを得ない。

　2009 年に都市鉄道部門での先進大学を目指していた上海行程技術大学で主として教員向けの講義をしていた際に、北京と世界一の路線長を競っていた上海地下鉄の関係者にも講義をしたことがあり、それに先立ち自慢の設備を見学させてもらった。東京で言えば銀座に相当しそうな繁華街、人民広場駅を見せてもらったのだが、古い銀座線、元の西銀座を統合した丸ノ内線、その後にできた日比谷線、と時代の違う 3 線を無理に合わせた銀座駅とは違って、初めから立派な駅として設計しただけあってすばらしかった。ところが自慢の説明がとんでもないものだった。この駅は一日の利用者が 30 万人もあって世界一の規模の駅だというのだ。「新宿はその一桁上だ」と反論しても、そんなことはあり得ない、というレベルなのだ。後で楊教授から聞いた話では、都市鉄道には専門家がおらず、たまたまある時期に交通部門を担当しているだけで、金と

権限だけはあるので扱いにくい、とのことだった。これを聞いて、日本の民鉄の技術をアジアの高密度都市に持ち込む必要を強く感じたのだった。

　中国自身も都市鉄道の改善の必要性は強く感じていて、最近の動きとしては都市近郊輸送としての中速鉄道がいくつかの都市で登場しつつある。バックには中国に注力している元 Bombardier 社の動きがあり、CRH6 のシリーズを使ってメトロの急行線のような運転を始め、一部には日本の民鉄のような緩急結合輸送に近い物も試みられつつある。

日本での中国鉄道時刻表の出版と中国での時刻表廃止

　第5章-1ではイギリスの公式時刻表がほとんど知られていなかったことを述べたが、中国の場合はどうか。

　中国では基本的に座席数しか乗車券を発売しないから列車番号を知らないと切符が買えず、そのために時刻表は必須のものだったが、列車番号順に並べた目次と、時刻表としては類似の列車を単に並べただけのもので、乗り継いで利用するような目的にはきわめて不親切だった。検索機能を持つソフトができると、急速に人気がなくなるのは必然だった。

　この動きを察知したかどうかは不明だが、何と日本の大学サークル内でまともな時刻表作りが検討され、2014年に発刊にこぎ着けたのである。路線別に並べる日本式の時刻表の良さを取り入れ、中国の実態にも合わせて鉄道ファン的な列車旅の計画にも使えるものが誕生した。

　このユニークな出版活動に対して鉄道友の会は2016年の島 秀雄記念優秀著作賞特別賞に選定して讃えたのである。中国では多種多数出版されていた紙の時刻表が、奇しくもこの年を最後に消えてしまったのである。

図5-17　第1号と最新号の中国鉄道時刻表

日本での中国高速鉄道の紹介と葛西敬之氏

　葛西敬之氏（1940-2022）は同じ東大卒で筆者は工学部、氏は法学部の出身
で彼が1年後輩である。若い頃はいわゆる文系出身者としては理系の意見にも
耳を傾け、物わかりの良い人に見えた。

　新幹線30年記念の国際会議の一環としてJR西日本で開かれた会合で、東海
の葛西敬之氏、西日本の角田達郎氏（1928-2006）の両社長の前で、この会議
に招かれて出席した訪日客になり代わって筆者はJapan Rail Passの問題、特
に「のぞみ」に乗せないことの不条理を説明して改善を求めた。これでこの問
題は解決と思ったのだが、結果は逆になってしまった。

　葛西氏の持論「この手のパス類は相互主義で、ヨーロッパのTGV等は1時間
に2本くらいしか走っていないのだから、のぞみに乗せなくて良い、ひかりと
こだまだけで十分」はもちろん承知していた。のぞみに積極的に誘導すること
で日本の高速鉄道を理解して貰う方が遙かに得策、と説明したのだが……。

　「逆になった」とはどういうことか。のぞみに乗せないというとJR東海だけ
が悪者になってしまうので、のぞみを名乗らずに ひかりレールスターを作っ
たJR西日本を巻き込んで のぞみ・みずほ に乗せないとして共犯者に仕立て
たのである。このようにJapan Rail Pass問題は未だに解決してはいない[7]が、
それ以来葛西氏と周辺の人物は、筆者を避けるようになった。

　しかし、避けきれない事態が相次いで現れたのである。それは、急成長した
中国の高速鉄道と日本の高速鉄道との比較を、中国嫌いの葛西氏に慮っていつ
までも無視し続けることができなくなったのである。

　一度目は中国通の大物政治家、野中廣務氏（1925-2018）肝いりの「日中科
学技術交流協会」の2013年6月の会合で日仏独西中の高速鉄道の比較をして
欲しいとの要望を受けて実施、二度目は実質的に葛西氏がトップである国際高
速鉄道協会（IHRA）の会合（2017年11月に名古屋で開かれたWorking Ses-
sion）で中国の高速鉄道の紹介 "Chinese High Speed Railway Systems–from
RAMS point of view" を葛西氏も出席する中で筆者が行うことになったのである。

　大変な日本贔屓でJR東海からの交通システム工学寄付講座では客員教授を

7）値上げのうえ別料金でのぞみ・みずほにも乗れるようになる予定

務められた英国の Roderick A. Smith 教授がこの会の進行役を務めてくださり、懸案だった中国の話を加えることができて安堵されていた。

4　世界と比べた日本の鉄道の"異常"

　筆者が実質的にある程度の関わりを持った外国はイギリス、スイス、中国の3カ国に過ぎないが、乗客としては欧州と北米のほぼすべての国を含む多くの国の鉄道を体験している。日本を除く全ての国で、つまり地球規模で鉄道が大発展中なのに、日本でだけ鉄道に元気がない。

　ここでは、第6章「日本の鉄道再生への提言」の提案に繋げるために、日本の鉄道の異常な項目を拾い出しておきたい。

45年前の「なぜだろう」

　45年ほど前の1976年に、鉄道電化協会が出していた「電気鉄道」という協会誌の「春夏秋冬」というエッセイ欄の30巻10号に、『なぜだろう』と題した疑問を20項目載せたのであるが、その中の5項目は、日本と外国とのちがいだった。

　①ヨーロッパではポイントの直線側走行には速度制限がないのに、日本ではなぜ必要なのだろう。

　②ブレーキ距離の制限は新幹線以外、なぜ国鉄も私鉄も一律に600mでなければならないのだろう。

　③外国ではどこでも常識になっている喫煙者と非喫煙者との分離が、なぜ日本では行われないのだろう。

　④なぜ日本のチョッパ制御装置は、値段が高いのだろう。

　⑤スイスでは、70‰や73‰の勾配区間で古くから動力集中式の粘着運転が安定に行われているのに、なぜ67‰の碓氷峠では大変な苦労が必要なのだろう。

というもので、残りの15項目のほとんどは、私鉄で出来ていることがなぜ国鉄では出来ないのか、という類のものだった。このうち③と④は今では解消しているが、半世紀近く経った今でもこの手の問題は少なくないのである。

　では、改めて海外の目で現代の日本の鉄道の"異常"を見てみよう。

現代の分野別"異常"の分類の試み

　今でも日本だけ、ほぼ日本だけという例は少なくない。中には、日本だけ良いことをしていると見るべきものも含まれているが、これらも含めて、鉄道常識の違いに焦点を当ててみることにしよう。

(1) 線路と駅関係

　分岐器直線側の速度制限：これは日本だけ、と45年前に疑問を呈したが、根本原因は日本だけが今でも線路と車輪との隙間に関する許容誤差が大きいことに起因している。その後在来線では120km/h程度までは速度制限をなくすことができ、新幹線では元々高速で通過する直線側はノーズ可動分機器を使って制限はなかった。では問題は解決済みか、といえば全くノーである。

　低レベルの分岐器：新幹線も含めて、分岐側の速度制限が著しく所要時間に影響しているからである。例えば、東海道新幹線の静岡駅などの副本線にしかプラットホームがない駅に止まる際も、出発する際も、分機器の速度制限70km/hを受けるために、停車列車の所要時間が延び、のぞみ などの通過列車の頻度にも悪影響を及ぼしている。

　ドイツやフランスの通勤列車にも同様の駅はあるが、停車・出発する列車の加減速特性に合わせた速度で通過できる分岐器を使っているのとは大違いなのである。

　ブレーキ距離：600mという明示的な制約は国鉄改革を前にして撤廃されたが、実質的には改善されていない例がほとんどである。それは、解釈基準の中に600mという数値が残されていて、これは無線による列車防護がなされていれば適用されないことも示されてはいるのだが、新しいことはしたくない風潮の中で従前どおりがまかり通ってしまっている。

　レール継ぎ目：世界の鉄道のほとんどではレールの継ぎ目で発する規則的な走行音は聞かれない。日本でも溶接されたロングレールは広く普及してはいるが、「定尺レール」が基本でそれをわざわざ溶接して長くしたのが「ロングレール」との古い思想が今でも色濃く残っている。

　踏切が多い：イギリスでは筆者が滞在していた約半世紀前の時点で、25万分の一の地図上に全ての踏切が示されていて、幹線では探すのが困難な程だった。

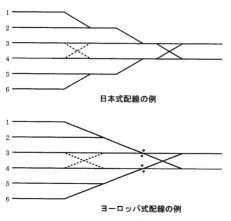

日本式配線の例

ヨーロッパ式配線の例

図 5-18　端末駅に見る日欧配線の相違の代表例
欧州方式の方が乗り心地良く所要時間も短縮できる。

中速鉄道が発展の中心なのに：高速鉄道を持つ国には、国を代表する主要幹線に高速新線を建設する他、これまで述べてきたような分岐器のレベルアップ、ブレーキ距離の延伸、ロングレール化の徹底、踏切廃止等を活かして在来線のレベルアップも積極的に進めてきた。この動きがほぼ見られなかったのは日本だけである。

左側通行：イギリスやフランスは左側通行、ドイツでは右側通行などの古くからの慣習は今でも残っているが、必要な場合は左右どちらでも同等に走れるのが当然で、日本のような左側しか走れない信号システムは例外的である。

駅構内配線：左右どちらも走れる仕組みとの関連もあるが、大きな駅構内の配線も日本は例外的である。日本では多くの線を渡る場合には何度もくねくねと曲がるが、日本以外ではそれはほとんど見られない。何本もの線を一気に渡るからで、必要な場所で必要な線に行くスリップスイッチ[8]が付いている（図5-18）。

高速鉄道の信号と配線：新幹線の駅間は左側しか走れないが、他の全ての国の高速鉄道は右側でも左側でも同等に走れる設備になっていて、フランスの例では長い駅間には最初から計画的に高速分岐器で左右の線を行き来できる図5-19のような設備があり、それらの中には重故障でしばらく留置して必要ならバスなどで乗客を救援できる設備も設けている。

　中国ではこれらの設備を端末駅や途中駅に設けており、走行中の全列車を最寄り駅に収容できるようにしている。

8）斜めに交わるレールに対して曲るルートを付加したものがスリップスイッチで、図5-18下の例の●が両方向に付加したダブルスリップと呼ばれる。

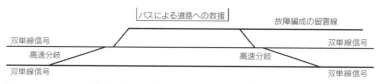

図5-19　フランス高速鉄道の異常時対応設備　駅間に計画的に設置

図5-20　デンマーク国鉄 IC3 気動車
ゴム製連結幌が特徴的な前面で1989年から営業運転を開始し
た。最高速度180km/hの3車体連節車。もともと長い列車を
短く切って海峡トンネル開通前に航送するために運転室の無駄
スペースを最小限にして高速運転の可能性を追求した結果の正
面形状。(写真:1994.3　関 俊哉)

有人駅には改札が前提:最近は無人駅が増えているが、駅には改札があって、
駅の内外を明白に区別している国は少なくなった。どちらがよいかはケースバ
イケースだが、このことを知らない訪日客には案内不足で困ることも多い。

(2) 車両関係

連節車のダブルデッカー:ヨーロッパの低いプラットホームの国では台車間
の車両の床を低くして乗降を便利にし、併せて2階建にして有効床面積を増や
している。この構造では車両間の通り抜けは2階で段差なく実現している。こ
の目的で連節構造は近郊輸送では今や標準になっている。

高いプラットホームのオーストラリアのシドニーではJR東日本のグリーン
車のような連節ではない2階建の電車が近郊電車の標準になっている。これら
はいずれも全員着席を目指す経済性の観点からの産物である。

図5-21　台湾高速鉄道（台湾新幹線）700T系
2007年1月に初開業した台湾新幹線の車両は日本の700系をベースに作られた700T系だが世界の常識に従って乗務員専用の扉はない。（台北　2011.8.6　周田英明）

　地下鉄でもクロスシート：地下鉄はトンネルサイズの関係で2階建の例はパリの急行線など少ないが、車内がクロスシートの例は非常に多い。これらは、なるべく着席でのサービスを提供するという発想からである。

　新幹線の先頭形状：海外の高速鉄道には新幹線程に先頭部分が長い例はない。トンネル断面積や隣接線間距離を拡大すれば短くてもよく、トンネルをどのくらい必要とするかによって最適な形状が決まる。

　フラット車輪による走行騒音：列車の走行騒音で特に気になるのがブレーキ時の車輪の滑走によって変形してしまった車輪（フラット車輪）によるもので、これも残念ながら日本に多い。

(3) 利便性とサービス関係

　車内アナウンス：到着に際しての接続列車の乗換に関する移動の案内、待ち時間が長いから駅の待合室への案内、発車に際してのポイント通過に伴う揺れに注意等はなく、これらを必要としないサービスをしているからである。

　利便性とダイヤ・接続：この点では古くから良いレベルのスイスとは比べものにならない。列車の頻度が少ないため、鉄道相互間もバスなどとの関係も含めて時間的にも空間的にも不便な例が多く、その上旧国鉄系と民鉄とで質的にも大きな差が見られる国も珍しい。

表 5-1　亀有から浅草橋までの行き方と運賃・バリアフリー料金

乗換回数	乗 換 駅	経 由 線	距離km	所要時間	きっぷ運賃	IC運賃	BF料金
1	御茶ノ水	JR/メトロ/JR	15.3	32-37	500	492	30
2	西日暮里/秋葉原	JR/メトロ/JR	14.8	32-37	470	462	30
2	北千住/秋葉原	JR/メトロ/JR	12.6	33-38	500	492	30
2	金町/高砂	JR/京成/都営	14.4	35-50	510	503	10
2	北千住/秋葉原	JR/Tx/JR	13.3	36-41	600	586	20
2	北千住/人形町	JR/メトロ/都営	14.4	37	440	433	20
2	北千住/押上	JR/東武/都営	13.8	38, 43	510	503	20
3	北千住/上野/秋葉原	JRのみ	14.8	38-45	220	220	10

注1：発車から到着まで　標準乗換時間を含む　亀有での時隔は10分
注2：（新）お茶の水、（京成）金町等の（　）は省略している
注3：メトロの綾瀬 - 北千住は運賃上はJR扱いになっている
注4：表の上方4行のケースでは前後のJRの距離合算の対象外である
注5：バリアフリー料金が上乗せされた結果差が開き順位も変わった

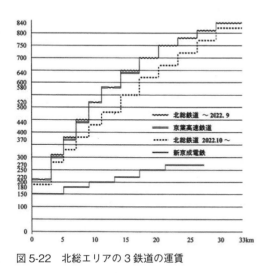

図 5-22　北総エリアの3鉄道の運賃

都市鉄道の運賃：同一都市内に運営主体が異なる鉄軌道やバスが複数ある都市は珍しくないが、これらを乗り継いで移動する場合にそれぞれの運賃を合算する例は日本以外にはほとんどなく、どれをどのように乗り継いでも発着地点が決まれば同一運賃で、利用毎に支払いをする場合でも1回だけである。

国内での全く不可解な実例を二つあげると都内の亀有から錦糸町までの運賃（表5-1）と東京圏の近郊エリア千葉県北西部の運賃（図5-22）があり、図表が全てを物語っているので説明は略す。

図 5-23　神戸市地下鉄と相互直通運転となっていた北神急行電鉄
2020 年に新神戸—谷上間の北神急行は神戸市交通局に譲渡され、神戸市地下鉄西神・山
手線と一体運営となり、高額となっていた運賃も減額された。かつて別事業体時代に見ら
れた新神戸駅での乗務員交代の様子。(2012.6.30　伊藤義郎)

　なお、関西にはこのような問題に対して市営交通化することで解消した例も
ある。

　便利なパス類：よその国や都市からの来訪客に対して、不案内な乗客には便
利なパス類を用意していることが多い。大都市の場合は、利用するエリアの広
さや位置に応じて多種類のパスを用意しているケースはあるが、東京のように、
JR だけ、都営だけでバスも含む、メトロだけ、メトロと都営地下鉄だけ、
……とよそ者には判らない分類で、後でこれには乗れませんとなる例が多発、
というのも日本だけである。

　著しく低い着席率と長い通勤時間：鉄道が通勤に広く利用されている都市で、
20 分を超えるような長時間、座席なしで運ばれるのが常態化している先進国
は他にない。

　乗越しと精算：乗越しという制度が広く定着していて、その精算のシステム
が準備されているのも日本だけである。これにはよい面も多く、特に日本語が
わからず、複雑な乗車券購入を要する場合にはこれを積極的に活用する手もあ
ろう。

（4）特に訪日客への対応

訪日客への対応：かつて外国語での案内が決定的に不足していた頃、乗越し制度の積極利用を案内していたこともあった。しかし、駅ナンバリングや4カ国語表示の進行、カード類の普及に伴ってやめてしまったが、今でも日本は都市鉄道を初めとする公共交通の使いにくさに関しては不親切な国の筆頭でもある。

駅のわかりやすさ：駅自体がわかりにくいのも日本の特徴である。地震国のため、太い柱が多いことに加え、最近は駅ナカ商店が多くなり、駅のナカで駅を探すが当然のように駅内には駅の看板はなく、迷子になってしまう。

予約：外国に行く場合、出発前に訪問国の主な旅行ルートを予約するのが今では常識になっている。ところが日本はこれも難しい国なのである。

便利なパスと意地悪なパス：日本を鉄道で旅したい人にはJapan Rail Passは魅力的に見える。例えばスイスパスを買えば、スイスの都市交通にも乗れるのだが、多くの国では都市交通は都市ごとに別にあるから、スイスパスは例外的に便利な代表である。一方の意地悪なパスの代表が残念ながらJapan Rail Passなのである。利用者数では、JRよりも多い民鉄には全く乗れないだけでなく、東海道新幹線のぞみにも乗れないし、日本に着くまでは予約さえできない。

経営・制度・安全分野の"異常"とその違い
（1）政策と路線存続の問題

並行在来線問題：「高速鉄道を造ったから、元からあった鉄道は要らない」という発想も、「必要だが経営困難だから廃止しても仕方がない」という発想も理解不能で、他国には全く見られない。

本州会社と3島会社：問題を抱えた国鉄という組織を分割して民営化するという選択は当然にあろう。日本はそれをよくやった先例でもある。しかし、経営基盤の異なる本州の3会社と、3島の会社とが同じ条件で経営が可能なような制度設計、つまり儲かる3社には国鉄の借金を継承させ、儲からない3島会社には経営安定基金を付けて発足させながら、すぐに国のゼロ金利政策でこのスキームが破綻することを知りながら有効な手段を執らなかったのも理解不能

図 5-24　リクエストストップの駅
[RhB 鉄道 Susch 駅]とリクエスト用の押しボタン。(2017.8　RhB 鉄道 Susch 駅　筆者)

図 5-25　リクエストストップの車内
車内表示にリクエストストップ[ドイツ語圏では Halt auf Verlangen]の表示。
表示右のボタンを誰かが押せば、[日本のバスでの次止まります]と同様 STOP の表示が。
(2017.8　AB 鉄道車内　筆者)

である。

　鉄道等への投資のレベル：スイスやデンマークなどの小国ですら、青函トンネルや瀬戸大橋級の投資をしている中で、新幹線の建設とか混雑緩和のための大都市鉄道にすら十分な建設費が付けられないのも信じがたいことである。

　リクエストストップがない：過疎化とモータリゼーションが進む中での地方の公共交通の維持は世界共通の難題である。残すべき路線は、鉄道であれ、バスであれ、利便性を高めた上で、公共交通と個別交通とのあるべき分担を目指して政策的誘導を進めるという各国共通の施策が日本にはないようだ。

　公共交通の利便性を高める手法の主なものは、利用の機会を時間的、場所的に増やすことで、時間的にはサービス頻度の確保、場所的には駅や停留所の増設であるが、日本の鉄道だけはどちらもやっていない。過疎地のバスでは日本でも区間によってはどこででも乗降が出来る例が増えている中で、鉄道にはリクエストストップさえもないのは不思議である。

(2) 運賃と混雑問題

　都市交通の運賃：同一都市の同一エリアの乗り物でありながら、乗り継ぐ路線が違うだけで運賃に大差がでるのも日本だけだ。かつてはこの問題を運営主体を公営化することで解消してきた事例もあり、大阪のOTSや神戸の北神急行の事例は日本でも最近になって見られたが、現在ヨーロッパでは運営主体が異なるままで、運賃を共通にしつつ各事業者の取り分を公平化する手法が確立しており、その上に必要なら公共補助による運賃低減化の手法もある。

　自己主張をしない日本の鉄道事業者：世界各国の公共交通事業者は民営であれ公営であれ、我々がいかに環境問題や安全問題に貢献しているか主張をしている中で、世界的な鉄道優遇策などを求めるための社会的発言をほとんどしていないのも不思議である。

(3) 安全・安定輸送実績とそれに伴う問題

　安全・安定輸送：日本の公共交通機関の安全実績は高いが、少しでも安全・安定輸送に懸念があれば、サービスを止めてしまう傾向も強い。このこともあって、特に近年安定輸送の劣化が顕著である。また、滅多に止まらないが一旦止まると長時間不通になる傾向や、普段はある案内が突然なくなるという問題も公共輸送に誘導する姿勢からは困る。とはいえ、災害多発国でもある日本の安全安定輸送の実績は諸外国に比べてまだ高いのも事実である。

　安全とコストの問題：大量輸送を前提にした安全システムの整備で日本は最先端を行くことは確かであるが、このことが輸送量の少ないエリアでコスト面で足を引っ張っていることも少なくない。「線路に人が立ち入った」、「夜中に車庫に泊めてあった車両にいたずら書きをされた」、このような事例が安全上列車の運休の理由になる国は多分他にはないだろう。

第6章　日本の鉄道再生への提言

1　日本の鉄道の安全と安心

　日本の鉄道の安全実績は非常に高い。たとえば、高速鉄道での死傷者を出す列車事故［⇒信①］はドイツでも中国でもスペインでもフランスでも起きているが、高速鉄道の元祖である新幹線では幸いに起きていない。その一方で、輸送の信頼度とも言える輸送障害の発生率は決して低いとは言えず、そのうえ近年は増加傾向である。ここでは、このアンバランスに光を当てて議論してみよう。

　まず、「安全」と「安心」という異質なものに対して、なぜ「アンバランス」というある意味で乱暴な言葉を使ったのかを説明しなければならないないだろう。公共交通の安全性は絶対のもので、少しでも安全でないと思われるなら止めるのが当然、との考えがあることは承知している。その中であえてバランスを論じるのは、現代の社会にはマイカーやバスなどの道路系の乗り物があって、輸送量的にはこちらが主体なのである。そして、どの乗り物を選ぶかは利用者の選択に任されているのである。この前提では「安全」ではあるが「安心」でない公共交通は選択されずに、「自己責任」の要素を多分に持つ個別輸送の比率が高まって、社会全体の交通に関わる安全性が結果的に低

図6-1　直下型地震で脱線した上越新幹線とき325号は200系の列車だった

2004.10.23に発生した新潟県中越地震は直下型だったので新幹線自慢の早期耐震警報システムでも間に合わずに脱線したが、200系のボディーマウント構造のおかげで脱線後も比較的スムースに走行したので負傷者すら出さずに済んだことはあまり語られていない。(新潟運転所　1981.4.7　鉄道ピクトリアル編集部)

下してしまうのである。

　自動車の世界では人が操縦するよりも自動化することで安全性も確実に増すと考えられるのに対して、保安システムが完備している鉄道では、自動化を進めることに伴う安全上の問題も指摘されるようになり、自動化の前提としての「現状非悪化」から「十分な安全性」への見直し論も出始めているのである。

　このような中で、近年でもわが国の鉄道サービスには安心できないものが少なからず残っている。乗り物の選択に大きく影響しそうなものだけでも、着席できるかの不安、乗り換えが容易か、接続はとれるか、つまり予定の時刻に着くかという輸送障害に関する不安である。

　まず、安全の議論を先にしたうえでこの章の議論を「安心」の改善が必要と締めくくることにしたい。

運輸省が大手民鉄に出した保安装置に関する異例の通達

　まず、鉄道の狭義の安全性を論じよう。かつての鉄道では事故が頻発していた。特に戦後の 10 年間には設備不良や取り扱い不良などによる大事故（ここでは死者が 10 人以上の全鉄道事故をリストアップ）が表 6-1 のように頻発し

表 6-1　第二次世界大戦後 10 年間の死者 10 人以上の全鉄道事故

発生年月日	場所	鉄道事故内容	死者数	負傷者数
1945. 8.24	八高線	正面衝突 多摩川に転落	105	67
1945. 9. 6	中央線 笹子	スイッチバックで転覆	60	91
1945.11.18	神戸有馬電鉄	下り勾配ブレーキ不能で転覆	48	180
1946. 1.13	富士山麓電鉄	正面衝突	26	多数
1946. 1.28	東急小田原線	大根付近勾配で逆行	30	165
1946. 8.13	尾道鉄道	勾配区間で逆行	32	>100
1946.12.24	近鉄奈良線	生駒トンネル内で追突	18	46
1947. 2.25	八高線	過速度により転覆 畑に転落	184	495
1947. 4.16	近鉄奈良線	生駒トンネル内で火災	28	58
1948. 1. 5	名鉄瀬戸線	速度超過で脱線転覆	36	153
1948. 3.31	近鉄奈良線	ブレーキ不能で追突	49	282
1950. 8. 1	室蘭線	橋脚崩壊 川に転落	29	57
1951. 4.24	京浜線 桜木町	電気事故による火災	106	>92

表6-2　現在までの死者5人以上の全鉄道事故

発生年月日	場所	鉄道事故内容	死者数	負傷者数
1956.10.15	参宮線 六軒	単線での列車交換ミス	40	95
1961.10.26	大分交通	土砂崩れ	31	38
1962. 5. 3	常磐線 三河島	合流ミスで二重衝突	160	296
1963.11. 9	東海道線 鶴見	競合脱線二重衝突	161	120
1971. 3. 4	富士急行	踏切事故でブレーキ破損	14	72
1971.10.25	近鉄 大阪線	急勾配でブレーキ効かず正面衝突	25	237
1972.11. 6	北陸トンネル	列車火災	30	714
1985. 7.11	能登線	盛土崩壊で脱線転落	7	32
1991. 5.14	信楽高原鐵道	運転ルール無視で正面衝突	42	614
1995. 3.20	地下鉄 多線	地下鉄サリン事件	12	5,500
2000. 3. 8	日比谷線	脱線 衝突	5	64
2005. 4.25	福知山線	速度超過による転覆	107	543
2005.12.25	羽越線	突風による脱線	5	33

洞爺丸沈没事故（1954）、紫雲丸沈没事故（1955）、土讃本線繁藤災害（1972）は鉄道事故ではないとして除外している。

ていた。

　その後現在までの65年間で死者5名以上の全事故は奇しくも同数で、表6-2のようになる。表6-2内の三河島事故を受けて国鉄は戦前から検討していたATS［⇒信①］として一部の路線で使っていた警報装置に自動停止機能を付加したATS-S型を全線に設置した。ところがこのシステムの隙をつくような事故が表6-3に示すように相次いで多数回発生してしまった。

　国鉄のATS-Sは停止信号に接近すると警報音で知らせる自動警報装置に停止機能を追加して作った。もともとが警報の思想だったものに後から自動停止機能を追加するに際して、警報が鳴ったらブレーキを掛け、5秒以内に「判った」という意思表示として確認ボタンを押すことで、追加した自動停止機能を解除する仕組みにしていた。

　国鉄流に、付けるなら全線・全列車に公平に同じものを一斉に、と考えたから高機能なものはもともと無理だった。急いで追加したから、さまざまな場面で、たとえば衝突防止と連結とは矛盾しやすいから、連結作業時とかその他不具合な場合にはATSを切って走ることも考えて作られた。

　蓋を開けてみるとこれらの隙を突く事故が多発した。警報を発して確認ボタンが押されたことは、実は「判った」のではなく、ブレーキも掛けずに単なる「条件反射的行動」でボタンを押しただけあるかも知れない、等である。

　国鉄に遅れて ATS を整備することになった民鉄に対して、1967 年に運輸省が出した通達[1] はきわめて異例の内容で、世界を半世紀リードする安全実績を示している。

　何が異例かというと、現物がないのに「構造基準」という名の下で今の用語でいう「機能仕様」で通達したことである。監督官庁に何故そのような指示が出せる人材が居たのかというと、国鉄から出向していた、後に国鉄の電気局長を勤めることになる石原達也氏が運輸技官として通達を出す立場にいたからである。石原氏は国鉄型 ATS の問題点を知悉していたからこそ国鉄型と正反対ともいえる内容の通達を出したのである。

　大きな違いは、警報や電源スイッチは不要、速度監視（速度照査）が重要で、高頻度運転と両立できるものを、必要なところだけ（後に広げる）に、正常な運転を妨げないよう、つまり可能なら非常ブレーキではなく、必要がなくなったら自動的に緩むのが望ましい、さらに、むやみに解除できないものとして求めたのである。

　しかし、このような要求の一部は本質的に無理な内容でもあった。たとえば、有能な技量を持つ運転士は、条件の良いときには高速で停止信号に接近し、安全にうまく停車させようとするが、荷重や天候などが微妙に影響する粘着条件などは装置には判らないから、条件が悪いときでも安全に停まれるように ATS は介入してしまう。

　無理を通すための対策の一つは乗務員に気づかれないように騙す方策で、その一つが重複式信号だった。停止信号の先（内方）に本当に止まらなければならない停止地点を設定し、乗務員には目に見える停止信号までに停まるように指導するが、能力の低い装置はその地点［重複区間の終点］までに安全に停止できるようなレベルの低いブレーキを作動させるのである。

　民鉄は、高頻度運転を維持しながら安全性の確保と地域住民の生活確保との

---

1) 昭和 42 年鉄運第 11 号　自動列車停止装置の構造基準

図6-2　民鉄の変周式ATSでも速度照査は可能で端末駅防護は出来ていた
3セクを含む国鉄系鉄道には類似の機能が40年間適用されず、2005年の宿毛事故、
福知山線両事故を受けてようやくこの種の事故がわが国の鉄道から無くなることに
なった。(渋谷　1987.2.7　堤　一郎)

両立に悩んできたから、このATS導入を機会に、これを自動的な速度制限装
置として活用することも進めた。K社ではトンネル区間の曲線での速度超過を
防ぐために、先行列車の位置にかかわらず進行信号ではなく減速信号を現示さ
せる区間を設けたり、O社では朝のラッシュ時には優等列車に速度制限を掛け
ることで、踏切の列車選別の機能を高めて開かずの踏切を開くチャンスを作り
出すような工夫もした。

　こうして通達を受けた民鉄は大変困ってメーカーと社内で議論を重ねて各社
各様のものをとりあえず作り、その後必要に応じて改良を繰り返したが、この
お陰で表6-3には国鉄系三セク［⇒その他・組織］は別として民鉄は登場しな
いで済んだのである。

　この表に関連して比較的単純でわかりやすい一例のみ、ここで述べることに
しよう。「車止衝突」が2回出ている。1982年1月の阪和線天王寺と2005年3
月の宿毛事故である。天王寺ではこれ以前にも何回も軽微な類似事故が起きて
おり、この事故で負傷者46人を出して民鉄型ATSの必要性を認識したが、そ
の後1989年8月にもやはり負傷者約40名を出す同様の事故が発生している。

表6-3　ATS-S 型の機能上の欠陥で防げなかった主要事故例

年月日	線区	場所	事故形態	原因	再発防止策	確認後不動作	電源オフ可能	速度照査 過速度	速度照査 徐行	速度照査 退行
1965.7.31	山手線	品川	追突	電源オフ			○			
1966.11.18	東北線	新田	脱線転覆	過速度				○		
1967.8.8	山手貨物	新宿	衝突炎上	確認扱	直下型警報	○				
1968.2.15	東海道線	米原	衝突	信号無視	ATS オフ警報		○			
1968.6.27	東海道線	膳所	脱線	過速度				○		
1968.7.16	中央線	御茶ノ水	追突	確認扱	警報持続	○				
1971.2.11	東北線	野崎—西那須野	衝突	仮眠退行						○
1972.3.28	総武線	船橋	追突	確認扱		○				
1973.12.26	関西線	平野	転覆	過速度	P 型検討			○		
1975.10.28	信越線	碓氷峠	転覆	過速度				○		
1976.9.21	鹿児島線	東郷	衝突	仮眠退行						○
1976.10.2	函館線	姫川	脱線転覆	過速度	[1] －			○		
1979.11.18	武蔵野線	生田トンネル	衝突脱線	仮眠退行	[多数回] －					○
1982.1.29	阪和線	天王寺	車止衝突	誤扱い	P 型必要性			○		
1982.3.15	東海道線	名古屋	衝突脱線	飲酒運転					○	
1984.10.19	山陽線	西明石	過速脱線	飲酒運転	P 型選択配備			○		
1988.12.13	函館線	姫川	脱線転覆	過速度	[2] －			○		
1988.12.4	中央線	東中野	追突	確認扱	[3] P 型導入	○				
1989.4.13	飯田線	北殿	衝突	確認扱	直下型改良	○				
1996.12.4	函館線	大沼付近	脱線転覆	過速度	[3] 速照導入			○		
1997.8.12	東海道線	片浜付近	衝突	無閉塞	取扱 [自社]				○	
1997.12.12	中央線	大月	衝突	電源オフ	封印		○			
2002.2.22	鹿児島線	海老津付近	衝突	無閉塞	取扱 [全社]				○	
2005.3.2	土佐くろしお鉄道	宿毛	車止衝突	過速度	速照導入 [JR 四国]			○		
2005.4.25	福知山線	尼崎付近	転覆脱線	過速度	P 型導入			○		

[2] [3] 等類似の事故の 2 回目、3 回目を示す

　注意深い読者なら、お気づきであろうが、この段落には民営化後の JR の記述も登場している。この民鉄向けの通達は、国鉄の分割民営化に際しての障害になるとして、新たに発足する JR には適用されないように廃止してしまったのである。

　実は民鉄でも同様の事故は発生している。1992 年 6 月 2 日に関東鉄道の取手駅の車止めにブレーキがきかない状態で突入し、死者 1 名、負傷者約 200 名を出した大事故である。手前の西取手でのブレーキ故障への対処ミスで、常用・非常両ブレーキとも不動作の状態になったままで突入した、ATS とは無関係の事故であり、2003 年 10 月 18 日には名鉄の新岐阜（現在の名鉄岐阜）でも車止めへの衝突事故は発生した。このときは多段階の速度照査を 20km/h まで

は無事にクリアしたものの、その後体調を崩した運転士が制御器上に倒れ込み、再力行の状態で最後の 5km/h の地上子に差し掛かったために停止しきれなかったもので、軽傷者 4 名を出してしまったのである。つまり、多段階の速度照査のもとでのきわめて悲運な事故で、宿毛事故も民鉄型 ATS ならこの程度ですんだという例なのである。

安心な鉄道と輸送障害

　安全が公共交通の前提であるのに対して、安心はその交通機関が選択されるかどうかの経営上の要である。ところが近年鉄道を主体とする公共交通への安心感が次第に失われる方向に変化し続けていて、今や危機的な状況になりつつあるのだ。たとえば、気象状況に関する運行判断である。道路交通は平常であり、航空機は場合によっては目的地以外に行く可能性の下で運行を続けている中で、鉄道だけが早々と運行停止をし、復旧も最後になることが多く、かつてとは逆に雪に弱い鉄道／雪に強い道路が当たり前になりつつある。また、短時間の利用が前提でない乗り物で今や座席がない不安を与えているのは先進国では日本の鉄道だけという状況もある。

　しかし、ここではこの議論はせずに、毎年国土交通省から発表されている客観的なデータに基づく輸送障害の違いだけに絞って論じたい。

　輸送障害とは、列車の運転休止や一定時間以上の遅延などのトラブルのうち、鉄道運転事故以外のものをいい、安全性の代表指標が「運転事故」であるのに対して「安心」の代表的指標といえるものである。

　これらの経年変化をおおざっぱに見ると、運転事故は列車走行百万キロあたりで発足時の JR が 1.5 件程度、民鉄が 1.0 件程度から 2005 年頃までに両者とも 0.6 件程度と世界最良レベルに達して現在まで落ち着いている。それに対して、輸送障害の方は年々増加して、2005 年頃には JR も民鉄も 2 〜 3 倍になり、運休や 30 分 [2] 以上の遅延の報告をする方の鉄道事業者も受け取る方の国土交通省も音を上げて報告ルールを変更してしまった。

　それまでは全数が報告されていた運休も、運転整理のための利用者への影響

2）その後再度報告のルールを改訂し、今では 30 分から 3 時間に伸ばされている。

図6-3　人気の高い寝台特急サンライズ用285系
事前に公示した運休は輸送障害の対象外にするという一部の鉄道事業者と国交省との
なれ合いもどきの報告義務の緩和の結果、品川駅の線路切替での大量運休という大失
態まで演じてしまった。（大阪　1998.5.23　長尾 裕）

が30分 [2] 以内のもののほか、事前に公示したものも報告対象から除外された。
この結果、出雲大社の60年ぶりの大遷宮で人気が高く、切符が買いにくいサ
ンライズ出雲・瀬戸を2013年11月23日〜24日の2日間、上下8本の全てを
品川駅の線路切替のために全区間運休にしてしまった驚くべき事例まで出現し
てしまった。この例は時刻表で公示していたので、報告も不要、当然「輸送障
害」にもカウントされていない。切替の期間は、東京始発の近郊列車は横浜始
発にしていたが、長距離列車は運休するのではなく、例えば新宿始発などにし、
切替時間帯にかからない列車は当然に走らせるべきだったのである。

　ルール変更後の3年間はこうして見かけの輸送障害は減少したが、中には
ルール変更をこの例のように悪用したケースも見られた。

　表6-4を見ていただこう。これを見ると新幹線や地下鉄のような近代鉄道は
優等生、部内要因、特に人的要因はJRに多く、部外要因や災害には当然だが
地域差が大きいことがわかる。それにしても軌道保守の安全に関わるデータの
改竄までしたJR北海道の異常な数値が今でも続いているのには驚きを隠せな

表6-4　2019 年度の輸送障害

	要因別輸送障害発生件数							列車百万キロあたりの発生比率							
	部内				部外	災害	合計	部内				部外	災害	合計	列車キロ
	係員	車両	施設	小計				係員	車両	施設	小計				(百万)
北海道	42	77	75	194	153	74	421	*1.3*	*2.4*	*2.3*	*5.96*	4.7	2.3	*12.93*	32.56
東日本	60	132	97	289	662	264	1,215	0.3	0.6	0.4	1.34	3.1	1.2	5.63	215.96
東海	7	29	14	50	184	105	339	0.1	0.6	0.3	1.06	3.9	2.2	7.20	47.08
西日本	59	83	20	162	810	187	1,159	**0.4**	0.6	0.1	1.09	**5.5**	1.3	**7.81**	148.41
四国	0	11	7	18	23	51	92	0.0	0.5	0.3	0.89	1.1	2.5	4.54	20.27
九州	11	48	17	76	175	181	432	0.2	0.8	0.3	1.29	3.0	3.1	7.33	58.92
在来線旅客計	179	380	230	789	2,007	862	3,658	0.3	0.7	0.4	1.51	3.8	1.6	6.99	523.21
新幹線	5	7	6	18	32	34	84	0.0	0.0	0.0	0.10	0.2	0.2	0.49	171.85
大手民鉄*計	9	42	45	96	290	70	459	0.0	0.1	0.1	0.30	0.9	0.2	1.43	321.79
東武	5	7	6	18	63	10	91	0.1	0.2	0.2	0.46	1.6	0.3	2.32	39.21
西武	0	7	3	10	38	4	52	0.0	0.3	0.1	0.47	1.8	0.2	2.45	21.24
京成	0	0	7	7	16	6	29	0.0	0.0	0.5	0.50	1.1	0.4	2.08	13.95
京王	0	0	3	3	16	2	21	0.0	0.0	0.2	0.20	1.0	0.1	1.37	15.29
小田急	1	0	3	4	27	0	31	0.0	0.0	0.1	0.18	1.2	0.0	1.40	19.80
東急	0	0	0	0	8	0	8	0.0	0.0	0.0	0.00	0.4	0.0	0.40	19.80
京急	0	0	1	1	19	2	22	0.0	0.0	0.1	0.06	1.2	0.1	1.37	16.01
近鉄	0	5	11	16	14	11	41	0.0	0.1	0.2	0.27	0.2	0.2	0.69	59.58
阪急	0	0	3	3	20	3	26	0.0	0.0	0.1	0.13	0.9	0.1	1.16	22.37
阪神	0	0	1	1	3	1	5	0.0	0.0	0.1	0.11	0.3	0.1	0.57	8.74
公営メトロ計	0	6	10	16	22	8	46	0.0	0.1	0.1	0.17	0.2	0.1	0.50	91.61
新交通等計	3	15	8	25	7	15	48	0.1	0.7	0.4	1.18	0.3	0.7	2.18	22.04
中小計	28	146	102	276	133	444	853	0.2	**1.1**	**0.8**	**2.15**	1.0	**3.5**	6.65	128.33
内Tx	0	0	0	0	1	1	2	0.0	0.0	0.0	0.06	0.1	0.1	0.26	7.74

*東京メトロを除く

発生率：項目別 最大値は太字，そのうちJR北海道は太字の斜字，さらにJR北海道以外での最大値も示す

い。このように事業の形態や事業者ごとの差が大きいということは改善の余地が大きいことを物語っているのではないだろうか。

　狭義の安全に関しては、このためのコスト高が地方の鉄道の存続を脅かすレベルになっている、との悲痛な叫びもあるが、この点は次項に引き継ぐことにして、本章での提言としては、低下している安定輸送の回復に本腰を入れる必要があり、少し分析を進めればまだ改善の余地が大いにあることを指摘して、個々の事業者の取り組みに期待することにしたい。

2　鉄道150年を迎えた2022年　日本の鉄道の惨めな姿

　今世紀に入る直前から、世界の鉄道界の中で、日本だけ活気がない状況が目立つようになってきた。土地やエネルギー資源上の効率性、環境への負荷の少なさ、高い安全性などから、鉄道へのモーダルシフトを勧める政策が世界規模で続き、かつてない活況を呈している。そんな中、日本では少子高齢化を理由に大都市も含めて鉄道への大規模な投資がほぼ止まってしまった。

　また、地球規模で発生した新型コロナウィルス感染症の蔓延で、海外の鉄道ではこれを奇禍として一層の発展を図る例が多発している中で、鉄道150年を迎えた日本では、混雑問題を抱えたままの大都市鉄道にさえも積極策は採られなくなってしまった。

　ヨーロッパでは道路に押されて徐々に衰退の傾向を見せてきた国際夜行列車の復活が目立っているし、道路から若者の需要を取り戻すべく低廉な運賃の鉄道版LCCも各地に登場している。

　国内に目を転じると、世界初の高速鉄道を造って世界をリードしていたこともある日本の新幹線は、技術的には50年前の山陽新幹線岡山延伸時の設計基準で北陸新幹線や北海道新幹線を細々と建設しており、その延伸の速度も大幅に鈍っていて、人口あたりでも中国に桁違いに負けている。

　サービスでも経営でもユニークな成果を上げてきた大手民鉄がある日本で、その民鉄自身も含めて鉄道事業に活気がないのは異常である。鉄道150年を機会に、停滞している日本の鉄道を再活性化する必要性とその具体的な方策を出来る限りイメージしやすいように提言したい。

技術をサービスに生かせていない理由　謙虚さと学び姿勢の不足

　日本の鉄道の要素技術が優れていたことは新幹線を世界に先駆けて作ったことでも明らかであり、近年日本の技術を活かしてイギリスに登場した列車群の信頼性の高さからも、今でも優れていることは実証されている。にもかかわらず、その成果が国内でのサービスに生かされていないのはなぜだろう。考えられることはいくつもある。

　一つは、現代の複雑な社会の中では、要素技術の積み上げだけでは社会が必

要とするサービスは実現されず、社会が必要とするサービス自体を先に定めて
これから逆算して手持ちの要素技術を活用し、不足する要素を補うことが肝要
なのだが、日本の鉄道組織ではこの手法が苦手なのである。

　幸か不幸か、日本の情報が海外にあまり伝えられていないのに対して、海外
についてはドイツ語圏、フランス語圏、スペイン語圏いずれの情報も国際英語
を通じて日本には十分に入っている。まねをする必要はないにせよ、学ぶこと
も、日本流に修飾して導入することも今では比較的容易に可能なのである。

　まずは、今の日本に、または自らの事業に、どのようなサービスが必要かを
詳しく設定して、それに向かって進むことが大切だろう。

不十分だった国鉄改革と国鉄回帰現象　鉄道ジャーナル誌での後追い

　国鉄改革に熱心に取り組んできた鉄道ジャーナル誌も、民営化後の初めの
10年ほどは予想を超えた大成功との認識だったようだが、しばらくすると「こ
んな筈ではなかった」との想いを持ちだし、25年後を機会に筆者に総括の寄
稿が依頼された。更に2年後の緊急提言を含めて表6-6に示す。

　これをベースに、鉄道150年を迎えて活気のない日本の鉄道再生法をできる
限り具体的なイメージで示そうと思う。

サービスの基本は短い所要時間

　古今東西の交通事業の盛衰を左右してきた最大の要素は、移動の需要に対し
て、駅から駅ではなく、出発地点から目的地点までのトータルでの所要時間が
短いこと、その上で、利用可能な運賃、最低限苦痛でないレベルの快適さ、な
どの最低基準を満たすサービスレベルを設定することだ。

　謙虚に海外に目を向ければ、ネットワークとしての公共交通網の全体の所要
時間短縮を目的に1982年以来40年間築いてきたスイスのネットワークダイヤ
Taktfahrplan のような、あるいはスペインに見られるような、軌間の違う路線
への直通が普通に見られる状況など、これまでのスピードアップとは全く異な
るアプローチさえあり、これまでスピードアップを抑えてきた要因でもブレー
キ距離の制約からの解放などの技術の問題も、鉄道への新規の投資をするため
の政策や、必要なら優遇策などの非技術の方策も実にたくさん見ることがで

表6-5　鉄道技術のあり方を問うJR発足25年を振り返って
鉄道ジャーナルでの問題提起と今後の方策の議論とその俗論（2012－2014年）

回	巻	号	分野	問題提起	現状分析	今後の25年を展望する
1	46	8	長距離車両	国鉄とJRの新幹線	高速用車両の日・欧・中に見る考え方	これからはどんな車両が必要か
2	46	9	中・近距離車両/都市鉄道/地下鉄/ローカル輸送	近郊型電車：当初とその後 通勤電車の改革は成功したか 本格的な次世代通勤電車の試み また失敗したレールバス 車両メーカと鉄道事業者との関係	都市鉄道車両の性能・余裕・寿命 通勤型と近郊型の関係 新動向 - PMSM駆動/ハイブリッド車両/DMV 未解決の問題	鉄道事業者と鉄道車両メーカとの関係 鉄道車両のライフサイクルの見直し 鉄道輸送を魅力ある物にする車両を 新動力方式・ハイブリッド車の将来
3	46	10	線路・駅	消滅した新線建設と大規模改良 新幹線の開業の陰で 災害と鉄道 貧弱な線路のままでよいのか? 様変わりした駅の評価は? 民鉄対JRの格差 　－待避設備 端末駅 安定輸送実績の差	主要線区の改良とローカル線の現状 画期的なスイスの施策に近づける必要 線路・駅・列車ダイヤの関係の見直し/駅配線の工夫/短時間での発着/信号や分岐の制御における無駄時間の排除/単線でも交換待ちがない・公共交通を利用しやすくする施策 国内での会社間の差	ローカル線は放棄か大改革か? 駅の新設とリクエストストップ化/山口線の活用/第二第三の五能線化/第二の富山港線化/新民営化 幹線には発展の余地－スイスとの対比で 並行在来線問題は制度設計自体に無理が原点に戻って鉄道特性が発揮できる線区での利用者の時間短縮と全員着席へ
4	46	11	安全・安定輸送	民営化を急いでATSの整備が遅れたJR 向上する安全実績と低下する安定輸送 　民鉄と大差－JRの安定輸送実績 環境・安全特性と時間的信頼性を活用 節電運行に反する車両・信号の変化	国土交通省の統計実績から 安定輸送格差の原因究明と対策 輸送実態の格差は発生率格差より大	安全輸送実績で世界の鉄道安全に貢献を 安定輸送実績でも世界貢献は可能 国内には鉄道間格差を追求して良いレベルに 安定輸送を阻害する「時素」にメスを 国際分業での日本の鉄道産業最大の武器に
5	46	12	営業・サービス	ICカード乗車券は成功したのか? 決定的に悪評のJapan Rail Pass 公共交通事業者間の手の組み方 列車ダイヤに見られる民鉄との格差 仕事ぶりに見られる外国との格差 鉄道に親しめるようなサービスを	日本の鉄道はガラパゴス化しつつある 南武線の快速と民鉄のそれとの比較	営業施策の転換を サービスレベルアップ/鉄道旅行に無縁な家族に空席を売る/大量定型輸送一本槍からの脱却/公共交通利用システムの再構築を 車両・線路・駅・信号等との連携が不可欠 営業・サービスは他国から学ぶべき分野
付	48	5	揺らいでいる鉄道輸送の信頼性を取り戻すために			
			深刻な出来事の例：2013.11.23品川駅構内線路切り替えで2日間サンライズ上下8本全区間運休、2014.1.3有楽町高架下での沿線火災で東海道山陽新幹線が終日大混乱、2014.2.15の記録的降雪で中央線特急が1週間にわたり長期間運休等 新幹線品川折り返しはこうすれば良かった：比較的容易な事前の検討と訓練でほぼ問題なく輸送は継続できたはず 輸送障害の統計と解析：2001年頃から輸送障害が急増、2006~2009頃に一旦減少、その後また急増のからくり 改善の方向性：JRも安全な範囲でできる限り輸送の継続を　2014.3.7の沿線火災で阪急がとった輸送継続法の紹介も			

きる。

　国内の今のサービスレベルを見ると、海外の良い事例から学ぶ姿勢さえあれば、自ら改善する手だても、国や地方の政策に関してもの申す手だても十分に用意されている事が判るはずである。

　古典的なスピードアップは、在来鉄道でのブレーキ距離600mの縛りが無くなり、不安が残る踏切保安についても解決の目処が立っている。

　スイスの事例からは、乗換の改善による所要時間短縮の有効性が、利用者の大幅な増加というわかりやすい実績と共に示されていて、近年この手法は近隣諸国でも拡がりを見せている。

　スペインの事例は、もともと軌間の異なる隣国フランスとの直通のために軌間可変客車ダルゴを作ったことに始まる。寝台車の台車を時間を掛けて交換していたのを、タルゴの客車では客車の車輪を軌間可変にして機関車だけを取り

図6-4　スペインの異軌間直通高速電車 S120
スペインには3タイプある異ゲージ直通車両がこれはその一つ、4両編成の電車で、
設備の異なる物を組み合わせて最大4編成まで併結が可能。1435mm 交流 25kV と
1668mm 直流 3kV 区間の直通運転に対応している。（Lleida　2012.7.7　筆者）

替える方式に改良し、今では機関車も含めた軌間可変編成と電車方式の軌間可
変電車があって、ヨーロッパ最長の高速鉄道を標準軌で建設した上、国内のほ
とんどの主要都市に在来の広軌路線に直通して所要時間の大幅短縮を実現して
いる。

日本の鉄道の行き詰まり

（1）発展させるべき分野

　新幹線という高速鉄道を世界に先駆けて 1964 年に成功させた日本は、新幹
線のネットワークを 7000km ほど建設する景気の良い話を作ったものの、
3000km でほぼ頭打ちになり、今の建設ペースでは 22 世紀に入っても 5000km
には達しない。

　それなら、新幹線建設をほぼ唯一の鉄道改良策と見る 7000km 建設計画時代
の考えを改めて、新幹線建設以外も含めた抜本的方策に乗り換えることが必要
になろう。

　後の議論に必要になるから、これまでの新幹線建設のプロセスをここでおさ
らいしておこう。既に日本の主要ルート全てをカバーする 7000km 案はある。

これから建設の順序を決めて、出来た後は国鉄を引き継いだJRが新幹線を運営することを前提に、並行在来線が赤字になりかねない場合には、これを引き受けなくても良いというルールもどきの覚え書きという文書を時の政府が作った。

このルールでの最初の「高崎—長野」の例では、高崎近郊の高崎—横川と長野近郊の篠ノ井—長野はJRが自ら引き受け、儲かりそうにない軽井沢—篠ノ井は自らの運営を放棄して長野県の意向で作った「しなの鉄道」が運営し、群馬、長野県境をまたぐ横川—軽井沢はどちらの県も引き受ける意思がないために鉄道としては廃線になってしまった。法律でも省令でもない覚え書きが一人歩きしてこんな乱暴なことがまかり通ってしまったのである。これが世界に全く例のない「並行在来線問題」である。

新幹線の建設費が高くなれば、利用者負担の原則が今でも色濃く残っている日本ではこれを運営するJRにも利用者にも長期に亘って跳ね返りが来るから、安上がりな新幹線を作ろうと国交省が音頭を取ったこともあった。

しかし、この試みはお粗末な内容で、全く受け入れられることはなかった。案としては在来線の用地の一部を活用して、ここに新幹線列車を走らせる「ミニ新幹線方式」と、本格的な高速新線を建設するが、建設には時間がかかるから、しばらくは狭軌の線路を敷設して在来線として活用する「スーパー特急方式」だった。詳細なイメージを開示することなく、建設費がいくら減らせるか、これらの方式で作ったことによる東京からの所要時間短縮効果も示して、費用を減らせる割には所要時間短縮効果が大きいと主張した。しかし、この議論には大きなまやかしがあった（根元の新幹線での高速化計画をカウントして、新規に作る部分の所要時間を短縮できるかのように数値を示したのであった）。

結果は東北新幹線の盛岡以北、北陸新幹線等にミニ新幹線を盛り込むもくろみも西九州新幹線にスーパー特急方式を導入するもくろみも全て地元に拒否されて「フル規格」での建設になった。次項で提案する「中速新幹線」にもこのようなまやかしはないか、と注意深くお読み頂くよう、ご注目いただきたい。

筆者の本心はむしろ、在来幹線などのレベルアップを現実に可能にする方策の方が肝心である、ということだ。

世界規模での鉄道の発展ぶりを見れば、日本でだけ中速鉄道がただ一つ京成

図 6-5　田沢湖線を走る E3 系
新幹線で高速走行する E3, E6, E8 系は車両面では既に中速鉄道走行は可能であり、低速鉄道のまま使用する理由はない。(赤渕 - 田沢湖　1997.3.23　鉄道ピクトリアル編集部)

図 6-6　JR 北海道小樽駅に停車中の函館本線 H100 形と 731 系電車
建設工事が進む北海道新幹線の新函館北斗―札幌間は 2030 年度の開業を予定しているが、開業後は並行在来線となる函館本線長万部―小樽間の存続について、先ごろ沿線自治体の協議で断念することが発表された。(2021.11.28　早川淳一)

のスカイライナーという例外を除いて、すっぽりと抜け落ちていることこそが日本の鉄道の停滞の最大要因であることを主張したいのである（図 6-7）。
　ちなみに、日本と中国の中速鉄道の推移を見ると、表 6-6 のように見事に正

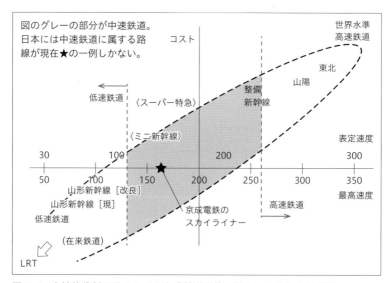

図6-7　中核的役割を果たすべき中速鉄道が抜け落ちている日本の鉄道
高速鉄道を持つ国はもちろん持たないスイスや米国でさえ中速鉄道には注力している。日本だけが正当化出来る理由は全く見いだせない。（筆者作成）

反対なのである。日本と中国とは鉄道の発展時期や発展速度が全く違うから、比較にならないというなら、高速鉄道は造らないと宣言しているスイスと比較してみるのも良いだろう。ゴタルドベーストンネルは最高速度249km/hと新設路線としての高速鉄道の分類である250km/h以上に当てはまらないようにわざと中速鉄道にしているだけで、かつて最高速度が140km/hだったのが信じられないくらい160km/hや、元もと文字通りの低速区間だったところにバイパス線を作って200km/h運転をしている区間が非常に多いのである。

　中国でもスイスでもスペインでも国全体としての投資効果が高い鉄道には巨額な投資が現実にできているのである。

（2）残すべき分野

　まず鉄道として残すべき分野とそうでない分野との区別が出来ていないことが最大の問題である。既存の非常に限られた補助制度の下で、私企業として成立するか否かという、狭義の経済合理性だけで議論が進んでいるように見える現実はやはり先進諸国の常識外であり、日本の鉄道事業にとって悲劇的でもあ

表6-6　日本と中国の中速鉄道路線長（km）の比較

	低速	[境界速度]	中速	[境界速度]	高速
日本（2014）	24800	[130]	130	[240]	2390
日本（2015）	24700	[130]	70	[240]	2620
日本（2018）	24400	[130]	20	[240]	2770
日本（2021）	24100	[130]	20	[260]	2910
中国（2004）	42000	[100]	3900	[160]	0
中国（2007）	51000	[160]	14000	[250]	800
中国（2017）	88000	[200]	30000	[300]	9600
中国（2021）	89000	[200]	33000	[300]	13300

高速鉄道を持たないスイスにも中速鉄道［160〜249km/h］は多数ある。
（鉄道車両年鑑2016年版　筆者作成）

る。国際公約した期限までにカーボンニュートラルを実現するためのコスト比較、交通安全の観点からのあるべき道路・鉄路・空路の分担率の議論も欠落しているのは国やエリアの政策の問題として確立する必要がある。

　その上で、技術によって維持または必要な機能アップが可能な機能を低コストで実現する方策を探る必要があろう。

　鉄道システムは固定費が大きく、輸送量が小さい場合は不利であると言われている。同様の問題は道路にもあるのだが、ハイウェイバスの事業者は道路維持費のほんの僅かを分担しているのに対して、鉄道事業者は線路維持費のほとんど全てを負担しなければならないのである。これは、技術の問題ではなく、政策の問題である。

　技術の問題としてみるなら、少なくとも路線を廃止する前に、大幅な機能向上が既存の軌道回路を利用した信号システムと比べて遙かに安く実現できる新しい統合型列車制御システムの実用化をする必要があるだろう。

海外に積極的に進出すべき分野
（1）民鉄型都市鉄道
　日本の鉄道輸送の人数で約2/3を占める民鉄の大都市近郊の区間では、都市鉄道としては世界的に例の少ない短い駅間距離と、世界的に遜色のない列車の

高い表定速度を両立させ、しかも平行する道路への依存度が低いという、高密度都市には非常に適した特性を持つに至っている。

　ところが近年中国を含めて東アジアの大都市に続々と誕生している都市鉄道は、路線設計の基本をヨーロッパ系のコンサルが担当したためか、駅間距離が中途半端に長く、結果的にバス等のフィーダ輸送も必要になる上に列車の表定速度も日本の民鉄型の優等列車に比べてかなり低い。

　近年中国はこのことを認識して新たな取り組みも始めており、日本の優位性がある内に進出すべきであろう。

　ただこの話を海外でして、それなら現地を見に行こうとすると、首都圏では相変わらず先進国にあるまじきラッシュ時の混雑を体験することになって、こんなものは導入したくない、との想いをもって帰国することになる。

　当然に国内でも必要な投資をした上で手本を示すことが求められる。

(2) 安全安定輸送

　国内で非常に高い安全実績を、これを必要とするところにはそのまま、部分的に必要としているところには選択的に提供することは、相手国への大きな貢献になる。

　国内で相対的に低下している安定輸送も、わが国特有の災害関連による部分を差し引けばやはりまだ高い実績が誇れるレベルである。

　安全輸送も安定輸送も理論だけで高いレベルが保てるわけでなく、過去の失敗などから学ぶ部分が多いだけに、この分野での進出は相手国に貢献するだけでなく、日本にも益することが確実なのである。

(3) 災害対応

　災害大国でもある日本は、この対応には多くの経験がある。ヨーロッパ流で建設が始まっていた台湾の高速鉄道が、地震を一つのきっかけとして途中で日本流に乗り換えたのには重要な意味がある。

　狭軌で高重心だった昔の国鉄を引き継いだ JR には風対策も進んでいるし、狭い日本の中で各種の雪質に悩まされてきただけにその対策も進んでいる。

　地質に起因するいろいろな弱さも知りつくしている。

　かつては沿線だけで自前で取っていた気象情報も今では面で詳しく押さえていて、降雨に伴う線路の危険やその結果としての河川の増水も的確に対処できるようになってきた。鉄道への投資が出来ないために、今では災害対策が遅れ、降雨・降雪・風等による輸送障害時に道路に助けを求める状況も生まれてはいるが、まだ災害に強くするノウハウは鉄道側にも残っている。

　この分野も、まだ予知が難しい噴火や津波、突風対策も含めて経験豊富なのである。

3　日本の鉄道再生への分野別の提言

車両、電気、運転、信号の個別技術から統合システム技術へ
(1)　車両（含 電気）のハードは共通化しつつソフトで個性化を

　1980年代後半から民鉄で急速に発展した交流主電動機をインバータで駆動する方式は、1990年代にはJRにも広く普及して今では大半の電車がこの方式になっている。しかし、高性能で省エネのはずなのに、現実には変電所の増設が必要になるなどの不思議なことも広く進んでしまった。そのうえ、相変わらず饋電システムの故障が起きると大規模な運休が発生することも多くの鉄道で続いている。

　実は直流モーターを抵抗制御する時代には必要だったこれらのことは、今では技術で簡単に解消できるのである。仮に最大電力を半分に制限しても、低速時の加速力を減らすことなく高速時の特性を絞るだけなので、連続急勾配区間などの特殊な区間以外では変電所が故障しても、所要時間が若干増す程度で運休はほぼ不要なのである。

　さらに、パンタ点電圧に応じての特性変更も自由自在にできるから、列車群の動きに対応して運行管理システムから簡単な司令をするだけで列車群全体のダイヤ上の特性向上やシステム全体の省エネ化が可能で、変電所を削減して利用率を向上させることも比較的容易に実現できるのである。

　さらに、すでに用いられている定速運転機能のほか、降雪・積雪時の追突事故防止のためにあらかじめ用意している低減速度ブレーキに加え、運輸司令などからの一斉指示によって安全な運転モードに切り替える自動運転方式（ATO）なども容易に実現可能である。

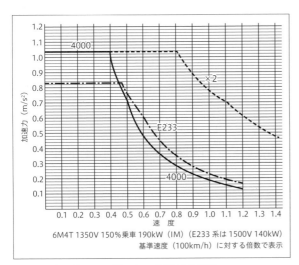

図 6-8　小田急 4000 系、JR E233 系の特性
縦軸は加速度と見て良い。横軸の速度は基準速度［この例では100km/h］に対する倍数。電源電圧が定格［小田急：1350V、JR：1500V］での特性、縦軸が負のブレーキ特性はこの図では省略している。

図 6-9　京王 5000 系
この程度の流線型、図 6-10 に示す高性能化、必要なら台車にヨーダンパの取付、集電特性の改善程度で中速鉄道に対応できる。（若葉台車両基地　2017.7　鉄道ピクトリアル編集部）

これらによって、車両はハードウェアとしての共通化・標準化を図りつつ、地域や路線の特性・その時々の設備・天候・輸送の状況・電力供給側の制限等の状態に適した特性獲得や、経営方針などに沿って個性的な特性に調整して用いるのがこれからの姿であろう。この一部は、『鉄道車両年鑑』の 2016 年版に記載済みなので、以下にその一例を示すにとどめる。

図 6-8 は通勤電車の標準的な特性として、小田急の 4000 系と JR の E233 系の特性を示したものである。駅間距離が短い民鉄では加速力を低速域で大きく、中高速域では小さめにしている。縦軸は加速度で単位は［ms^{-2}］、横軸は、各駅停車に用いた際の比較的高速走行する区間での実際の最高速度付近を 1 と正規化している。車両としての最高速度は 1.2 程度になる。

　普段の使い方としてはこれで差し支えないのだが、モーターの実力としてはこれより遙かに高い性能があるのである。昔の直流モーターの時代には、加速

時に 100kW として用いるモーターを、ブレーキ時には 250kW 程度の発電機として使っていた。このようなマジックがなぜ可能かというと、加速時は 1500V（民鉄では電圧降下を考慮して 1350V）の電源に対して 4 個のモーターを直列接続して 1 個当たり 375V（同 340V）として使い、ブレーキ時には電源とは無関係に最大 900V 程度までの過電圧耐力を用いて、電流つまり発熱を増すことなく電圧を増して大出力のブレーキにしていたのである。

　交流モーターの過電圧特性も直流モーター以上にあるから、この特性を活用すれば、同様のことが加速時でもブレーキ時でも可能になる。例えば 2 倍まで用いるのなら、従来の 1100V、150A のモーターを同価格・同質量の 550V、300A のモーターに置き換え、インバータは従来の 1100V、150A 用を 1100V、300A 用に、つまり同価格のモーターと 2 倍出力の当然高価になるインバータに置き換えれば、この特性が得られる。図の破線の特性は、4000 系の特性をこのようにした仮想の大出力車両特性である。この倍数は、1〜3 程度の範囲で使い方に応じて最適化すればよい。かつての大きくて高価な GTO インバータの時代にはこのような発想はなかったが、インバータ素子が IGBT を経て SiC に変わるにつれて目立って小型軽量化・低価格化が進んだ結果、この発想の重要性が増している。具体的には、2 倍出力になる電車の質量はたかだか 1 両あたり 1 トン程度の増加に過ぎない。

　図 6-10 は、能力を大きくした上で、場面に応じて最適な使い方をする例である。変電所の故障などで 1 列車当たりの集電電流を半分に絞らなければならなくなっても、低速時の加速度は絞る必要がなく、高速からの強いブレーキに際して従来は車両性能が不足するために、特性の悪い摩擦ブレーキに依存していた場面でも、その時々の回生可能な範囲で電力回生が活用できるようになり、省エネルギーにも、機械ブレーキ関連の保守低減にも寄与できる。回生可能な範囲はパンタ点電圧を見ることで正確に推定できるから、可能な範囲の最大回生が実現できるし、運行管理からの時々刻々の司令を装置側で直接活用すれば、図 6-11 に示すように定時運転と省エネとの両立でも大きな成果が期待できる。

　変電所が健全な場合は、以下のような使い方もできる。

　大都市の高頻度運転の場面では例えば、2.5 分時隔のダイヤで、ある列車が遅れて先行列車との間隔が 3 分になると、次駅で乗り込む乗客が 3/2.5 倍、つ

まり2割増え、後続の列車は2/2.5倍、つまり2割減ってますます追いついてしまう。このようなことを防ぐために、これまでは遅れた列車の前を走る列車を駅で待たせて、遅れた列車に乗り込む客が増えすぎないように調整してきたが、これをしばしば繰り返すと輸送力も平均速度も低下してますます全体の混雑が増しサービスレベルが下がるという副作用も見られた。

これに懲りて、今ではわざわざ遅く走らせて、生産性もサービスも悪くしてしまった例が首都圏では多く見られるが、コロナ禍で需要もピーク率も下がり、コロナ禍が去っても元には戻らないと見られているだけに、これを奇禍として生産性とサービスレベルを回復させたいところである。更に例えば遅れた列車の前後の列車に集電電流の制限を

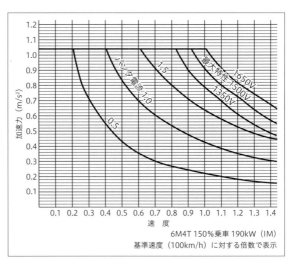

図6-10 大出力車両で場面に応じた最適な使い方を
電車線電圧とパンタ電流の制限の範囲内ならどのような特性も自在に得られる。（鉄道車両年鑑2016年版 筆者作成）

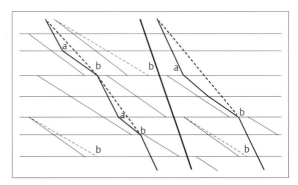

図6-11 高性能車両の有効活用法の例 無駄な回復運転からの改善法
遅れているときもaのような無駄を省きbのタイミングを指示することで省エネかつ乗客の不安を解消する運転をさせることが自動運転手動運転とも可能。（筆者作成）

かけ、遅れた列車にはその分より多くの集電を許容して、遅れを回復させるようなことも今では容易に実現できる。

(2) 曲線の多い高速運転向きでない線路を乗り心地良く速く走る車両

　日本の線路もスイスの線路も、もともと高速走行向きでないという共通の問題を持っている。

　昔の非力な蒸気機関車時代に造った線路は、一部の重要な幹線を除いて高速運転を考えていなかったので、電車や高性能な気動車の時代になると高速走行のためのさまざまな技術的な工夫が必要になる。広い原野で方向を変えるために、例えば当時としては速度制限とは感じなかった半径 300m のカーブを、現代のニーズに合わせて半径 1200m に造り替えることはさほど困難ではないが、渓流沿いの川の曲がりに合わせた半径 300m なら、地形を無視してトンネルと橋梁だらけの新幹線のように造り替えないかぎり、300m のままで高速化を考える必要がある。

　これは実は大変困難な課題なのである。もしも半径 300m が直径 600m の円をぐるぐる回り続ける線路ならば、走る速度でかかる遠心力と重力との合力と車両の床とが垂直になるように線路を傾ければ乗り心地上の問題はほぼ無くなる。空港付近に到着したものの、着陸の順番待ちのために上空で旋回する飛行機でこのことは体験できる。しかし、鉄道では以下の二つの理由でこれは現実的でない。そもそも大きな傾きになるような大きなカント［⇒その他］を付ければ、そこで停車したら内側に転倒してしまうから、停止したら墜落する飛行機ならではのまねは出来ないのである。現実の線路では円形の軌道はあり得ないから、直線から次第に曲率を大きくしつつカントも増やしてゆく設計では、この繋ぎの部分の緩和曲線［⇒その他］も長くなり、線路の位置も短い緩和曲線の場合とは横方向にずれることになる。つまり、半径 300m の曲線部はカントを増すだけであっても、緩和曲線の部分やそれとの繋ぎの部分では新たな土地が必要になる。

　結局、線路自体の造り替えで理想の高速化は出来ず、線路で可能な範囲の改善をした上で不足分は車両側の工夫に頼ることになる。

　日本もスイスもこの分野でさまざまな試みをしたのだが、スイスでは 1980年代の強制車体傾斜式客車マーク 3 も、2010 年代の 2 階建て電車に導入しようとした WAKO と呼ばれる車体外傾補正方式も実用化は出来ず、他のスウェーデンやイタリア等が開発した強制車体傾斜制御とほぼ同等の ICN 電車とヨー

図 6-12　小田急電鉄による初期の車体傾斜試験
デニ 1101 に油圧式の強制車体傾斜装置が取り付けられ本線で数次にわたり試験
を重ねた。この前後を含め、後の空気バネ式車体傾斜も含めて 3 回の試験を行っ
たが、当時の制御の信頼性から NSE 車でのアンチローリング装置、VSE 車に高
位置車体支持空気ばね式車体傾斜装置と操舵台車として活かされるにとどまっ
た。(東芝府中工場　1962　山岸庸次郎)

ロッパの他の地区で広く使われているイタリア系技術のペンドリーノの仲間だ
けが実用化されている。ヨーロッパ全体ではこのペンドリーノ式強制車体傾斜
方式と、スペインのタルゴが用いている連節台車の車体支持点を高い位置にし
た自然振子方式の二つが広く実用化されている。

　これに対して日本では、小田急が 1960 年代に強制車体傾斜の実験を始め、
国鉄が中央西線で 1973 年に、線路はそのままで高速化できる、という触れ込
みで自然振子式の 381 系（図 6-16）を実用化したものの、乗り心地上の問題山
積で後に線路にもかなり手を加え、国鉄末期には自然振子方式特有の振り遅れ
問題を解消するための制御付き自然振子式を紀勢線で長期試験をして成功し、
本格的には JR 四国が 2000 系を導入してから全 JR 会社にこの方式が広まった。
これは、車上に曲線のデータを持ち、自列車の速度を勘案して必要な車体傾斜
指令を事前に出すことで振り遅れを補正するもので、線路の改善と合わせると
大きな効果を出せることが判った。

　日本にはこのほか、振子式より安価な左右の空気バネを制御して遠心力によ
る車体外傾を防止し、最大で 2 度程度までの内傾も行う方式があり、JR 北海

図6-13　世界最良の曲線走行の実現を目指して　JR北海道が試作したキハ285系
制御付き自然振子と台車の空気ばねを用いた車体傾斜を組み合わせた複合車体傾斜システムが乗心地と曲線走行高速化を両立する最良のものであることを283系で確認の上で自信を持って導入した悲劇の試作車。(苗穂構内　2014.10.6　伊藤健一)

道の201系（図3-5）、名鉄の2000系ミュースカイ、新幹線のN700系やE5系などと共に、曲線走行の高速化に貢献している。

　車両自体の技術として見ると、自然振子式は回転中心を重心よりもかなり高くしないと振り遅れによる乗り心地の問題が顕著に出るし、高い位置を回転中心にすることで、傾斜による重心の移動に伴う転覆余裕の低下、車内通路の大きな横移動に伴う通路歩行の困難性なども問題になる上、横移動する分だけ車体下部を絞る必要が生じる。制御付きにすることで、回転中心を重心に近づけることができ、これらの問題は若干緩和される。

　一方、空気バネ式は回転中心が床下になるから、通路歩行時のふらつきはないが、車両上部の横移動が増すから、角度を大きくしようとすれば、車体上部を絞ったりパンタグラフを車体傾斜に合わせて横移動させる必要も生じる。

　これらのことを総合的に考えると、乗り心地をよくし、高速化を一層進める観点では、この両方式を併用するという解にたどり着く。実際に元気な時代のJR北海道では283系気動車で各種の試験や実用化を進めて2006年頃には技術開発がほぼ完成し、2014年には世界最良の車体傾斜方式としての複合車体傾斜システムと、併せて駆動システムもハイブリッド化した次世代車両の確立を目指した意欲作、試作車キハ285系を作ったのである。予定通りに事が進めば、駅に停車中と発車直後はエンジンを止めて（2007年に世界初のハイブリッド

気動車として登場したJR東日本のキハE200と同様）静かな車両で、効率は更に良く、曲線走行特性は世界に冠たる物になるはずだった。

　しかし、2011年5月に発生した石勝線列車脱線火災事故以降、度重なる出火など、車両事故等が発生し、2014年9月には、保線データの改ざんという会社ぐるみの犯罪に起因する脱線事故なども起こしたJR北海道は、次世代の技術開発どころではなくなり国家的財産ともいえるキハ285系は試験さえもせずに製造の翌年にスクラップにされてしまったのだった。

　日本の車体傾斜車両開発の火付け役にもなった小田急では優れた連節車の特性を活用して車体支持の位置を高い位置にした上で、連節車の乗り心地上の唯一の問題点だった車端での横揺れ問題をアクティブ制御で解消し、優れた曲線走行特性を世界で初めて獲得したVSE車を発展させることなく非連節のGSE車に移行して、ついにはVSE車自体を定期運行から退かせてしまったのは、大変残念なことである。

　曲線路を乗り心地よく高速走行する世界最良のシステムをほぼ手中に収めた我が国が、このまま引き下がってしまうのは実に残念なことなのである。

(3) 運転（含 ダイヤ）の計画は「あるべきサービス」から

　昔の列車計画は、与えられた路線と駅を前提として、必要とする輸送力を満足する解としてのダイヤが作られていた。1日に3000人運ぶとして、列車1本で200人運べるなら1日に15本の列車で、300人運べるなら10本でよい、という発想だった。

　今の競争社会で、マイカーなどの環境面でも安全面でも不安の大きい乗り物をなるべく使わずに済むようにする時代では、利便性を高めて公共交通への誘導を図る必要性が高い。つまり、「運べばよい」から「選んでもらえる」サービスに時代は変わっている。

　この観点から、国鉄は民営化を前にした最後の1986年11月のダイヤ改正で列車の大増発をしたのである。

　同様な動きをより早く、より広範囲かつ組織的に取り上げたのが1982年にスイスで導入されたTaktfahrplanだった。大量輸送の鉄道の宿命として全ての客を直通列車で運ぶことはできないから、これまでの線としての輸送からネッ

トワークとしての輸送に考えを切り替えて、幹線と支線はもとより、鉄道とバスなどのフィーダ輸送も含めて乗り継ぎの利便性を高めることを始めた。多くの乗換駅で「乗換の時刻を例えば毎時0分の前後と定めて、全ての列車やバスが55〜58分に到着し、02〜05分に出発すればよい」との原則が実現できるように、施設の方を作り替える壮大な計画に切り替えた。40年後の今日、例えば70分以上かかっていた最大都市Zürichと首都Bernとの間の所要時間は56分になり、文字通り両駅を02分に発車し58分に着く列車と、その後増発した32分発28分着の列車を根幹に多くの接続列車等が走っている。70分のような所要時間を56分に縮めることは容易ではないので、この目的のために、浅い地下などを活用して、バイパス路線を中速鉄道として建設したのである。

　レベルは異なるが、日本の大手民鉄も、便利な緩急乗換を実現するために、長期計画で待避駅を増やしてきた歴史がある。

(4) 信号保安の分野は低コスト・高機能の統合型列車制御システムへ

　今までの信号は、運転計画がまずあって、それに従って関係する複数の駅長が運転順序を決め、駅からの出発と駅への到着の許可／不許可をその権限を持った駅長が決め、人海戦術でこれを守る中で人的誤りを避けるための保安装置を次々に加え、さらに列車を増発し高速化するための駅間の自動信号機などの追加を繰り返してきたために、重装備で低機能なものになってしまっている。

　その上、人件費を減らすために駅を無人化して、駅での列車の待避や行き違いの機能をなくした結果、必要なサービスすらできなくなってしまったところもわが国には多い。

　大都市の大量輸送の区間なら、このコストにも耐えられるが、地方の交通を担当する路線ではコスト面でも機能低下の面でも信号が命取りにさしかかっている。

　時代は既に情報化社会になって久しい。列車を安全に便利にしかも容易に走らせるための本質的な部分を整理すると、情報の伝送には主として無線を活用し、人為的に列車の順序を決めるのは今と同様にCTC（集中列車制御）装置のある運行管理センターOCC（Operation Control Centre）で装置と人が共同で行い、安全にうまく運転・操縦する部分は曲線・勾配・踏切の位置などの固

定的な地上のデータと、先行列車の位置、自列車の位置と速度などの時々刻々の情報とをつきあわせて車上の論理で判断する方式が遙かに優れていることが明白になった。

新しい車上論理を活用した統合型列車制御システムでの安全確保のイメージ

　これまでの高コスト低機能の信号システムに取って代わるべきシステムのイメージをここで示しておこう。

　見知らぬ町で道に迷った際に、スマホで所在を確認してどちらに向かえばよいかを判断するのは今では当然のことになっている。個人なら、電池切れなどを心配して、スマホだけに100%頼るのは危険かもしれないが、線路上を1次元にしか動けない列車が自分の位置を知る方法はいくらでもある。ときどき位置を示す地上子を検知して正しい位置を知った上で、その後は車輪の回転から位置を割り出す方法などが古くから使われていて、曲線区間の高速走行に威力を発揮している制御付振子車両もこれを利用している。これを応用すれば、踏切などの危険箇所の位置が判っているから、安全が確保されるまではその手前で停車するパターンで接近し、踏切側では接近する列車の位置と速度から適切なタイミングで警報開始、遮断開始、自動車等がトリコになっていないことなどの安全確認後にその情報を列車に送り、ブレーキを掛ける直前にブレーキは不要、とすればよい。これは、踏切側から見れば、列車の速度に応じた最低の警報時間となり、高速化と安全確保と、遮断時間の短縮の全てが同時に達成できる。

　速度制限に関しても、位置と制限速度が事前にわかっていればその箇所がいくら多くても装置は忘れずに対応できるし、落石検知装置があれば、その区間に入らないような事前の規制も可能である。

　本来の、対向列車との衝突事故を防ぐ機能も、関係列車や運行管理者の運転順序等の意思、分岐器等の状態などから安全に進行できる範囲が決まるから、場内信号機などの手前までの走行許可が与えられる。同様に、同方向に続けて走る列車がある場合も、後続列車が自列車の位置を知ることで、安全に従来の軌道回路を用いた自動閉塞システムの場合よりもより接近できるから、待避列車の待ち時間も追い越す列車の速度も向上させる余地が生まれる。

　このような高機能なシステムが安い理由は、地上に連続して設置するケーブルやその保守コストが不要になることが大きく、これに対して情報通信系の追加分とその保守コストは遙かに安いからである。

高密度都市圏での鉄道の立場を一層高める方策
―シェアの拡大と輸送の質の改善を

　わが国の首都圏以外にも東アジア諸国には高密度都市が少なくない。東京圏が狭い道路面積で高度な経済活動ができているのは、通勤需要の90％近くを鉄道に依存している地球上唯一の特性に依存する面が大きい。ただ、この90％という数字の陰には、ラッシュ時には多くの乗客を立たせて運んでいるという負の側面もあり、これはコロナ禍を機会に大幅に改善すべき課題でもある。

　大多数の通勤客が鉄道に依存することを可能にしているのは、多くの駅がありながら表定速度が高く輸送力が大きな優等列車を高頻度に走らせることが可能な民鉄型ダイヤのおかげが大きいが、そのほかにJRの新幹線や幹線鉄道もあって通勤との機能分担がある程度できていることも寄与している。通勤客を含む旅客人数では民鉄の利用者が多く、輸送人キロではJRが多いという棲み分けである。

　人口密度が遙かに低い欧州では都心部の公共交通は路面電車主体で、バスがその補助という例が多く、ドイツ、フランスやオーストリアでは鉄道と軌道との直通を可能にする tram-train が都市交通改善の主役になりつつある。

　一方、道路渋滞に悩んでいる東南アジアの大都市、マニラ、バンコク、ハノイ、ジャカルタ等では、欧州のコンサルタントが設計した都市鉄道では駅間距離が中途半端に長くなり、道路に依存するバスなどのフィーダも必要になっていて、実績として東京型とはほど遠い、利用者からも都市計画者からも不評のままである。

　やはり、巨大な人口を抱える大都市で通勤やビジネスでの大量旅客輸送の大部分を軌道系の乗り物で賄うには、日本式の新幹線、幹線、近郊路線、都市内路線等の階層構造が必要で、首都圏で実際に見られるように利用客数で大半を賄う部分には民鉄型の緩急結合輸送が必要なのである。

　ドイツやオーストリア、スイスなどには S Bahn と称する近郊路線があり、

表6-7　緩急結合輸送による特性改善例

緩急結合	鉄　道	区　　　間	距離 km	駅数	所要時間 分	平均駅間距離	平均停車駅間距離	表定速度 km/h
有し	京急本線	泉岳寺―三崎口	67.9	56	70	1.23	4.24	**58.2**
有し	京急本線	品川―横浜	22.2	25	17	0.93	7.40	**78.4**
有し	阪神本線	梅田―元町	32.1	33	33	1.00	4.59	**58.4**
無し	Purple Line	Bang Phai - Taopoon	20.9	16	35	**1.39**	**1.39**	35.8
有し	Violet Line	Bang Phai - Taopoon	20.9	23	25	0.95	4.18	**50.2**
無し	北京地鉄	西直門―東直門	40.9	16	55	2.73	2.73	44.6
無し	上海地鉄	楊高中路―松江新城	52.1	26	79	2.08	2.08	39.6
無し	東京メトロ	渋谷―浅草	14.3	19	31	0.79	0.79	27.7
無し	東京メトロ	綾瀬―代々木上原	21.9	19	38	1.22	1.22	34.6
無し	京浜東北	大宮―大船　普通	81.2	46	118	1.80	1.80	41.3
無し	京浜東北	大宮―大船　快速	81.2	46	112	**1.80**	**2.08**	43.5
無し	京浜東北	品川―横浜　普通	22.0	9	26	2.75	2.75	50.8
無し	山手環状	東京―東京	34.5	29	63	1.19	1.19	32.9

京急方式の緩急結合輸送を Purple Line に応用すると

駅数は山手環状線以外は両端駅を含む数

フランスの RER、米国・中国の Express Metro など一見類似のものはあるが、日本の民鉄型の輸送力、表定速度ともに大きな急行系列車と、それのフィーダを務める各駅停車との見事な組み合わせは日本の民鉄にしかないのである[3]。JR にも快速列車はあるにはあるが、たとえば、中央快速線の普通快速が終点の高尾まで先着するようでは必ず後続の特別快速を待って乗る、という民鉄型とは大違いで、利用者からは所要時間の予測ができないのである。

　高速・高頻度輸送のノウハウは民鉄にあるが、その民鉄自身も現在の姿が決して最良でないことはよく知っている。待避駅の増設にしても、長い期間にわたって多くの制約の下でやっと今の姿に至っているので、アジアの巨大都市に作る新規の路線なら遥かによいシステムが実現可能なのである。

　一例として、日本が建設に一部関わって 2016 年に最初の区間が開通したバンコクのパープル線を初めから京急方式で作ったとするとどうなるか、これの特性とダイヤの例を示そう。

　表 6-7 では、表定速度が目立って向上し、ダイヤの例からも使い勝手が大幅に良くなることが読み取れよう。今では需要が少ないために 3 両編成で走って

3）JR でこの民鉄型緩急結合輸送をしている例もあり、京都―三ノ宮間の方向別複々線区間とももと民鉄だった阪和線がその例である。

図 6-14　タイ バンコクのパープルラインの電車［左］と車内［車内］
車両は日本製だが施設も運行方式も欧州のコンサルタントの方式のため道路交通の緩和にはほとんど寄与できていない。（2016.6　今津直久）

いるが、本来の 6 両の快速と 3 両の各駅停車にして道路の負担軽減にも大きく寄与できそうである。

　図 6-15 では、共に駅は増設するが、待避設備を増設しない 2 例と増設する例を比較できるように示している。

　左の例は、待避駅なし、6 駅と 11 駅に折り返し設備を設けて、地域分離型のダイヤ［⇒運②］で周期 10 分に 4 本を配置する例で、次は、周期 8 分に 3 本を配置する例である。これらのダイヤでは始発駅を都心駅［23 駅］迄の需要がほぼ 3 等分される駅に選ぶことで混雑率がバランスするから、現在と同様に 3 両編成のままの案である。

　右側の案は、京急型の緩急結合輸送［⇒運②］案で、駅を増やすと共に待避駅を 3 駅、折り返し駅を 1 駅設けて周期 7 分に 3 本を走らせると共に、長距離の優等列車は利用者が増すことが明白なので、これは 6 両編成とし、長いプラットホームを有効活用する。都心側の端末駅は、今後の延伸計画もあって、日本の大都市民鉄並みの立派な設備は作れないとすると、当面は 6 両分の長いホームを前後に分割して 3 両編成 2 本が先着が後発になるダイヤとして活用すればよい。

　このように日本の民鉄のダイヤ作成力が高いことを用いての世界貢献案ではあるが、これだけで十分ではない。仮に都市計画担当者が鉄道のシェアが著しく高い東京の姿を見に来ると、通勤電車の混雑にしろ、複雑怪奇な運賃体系に

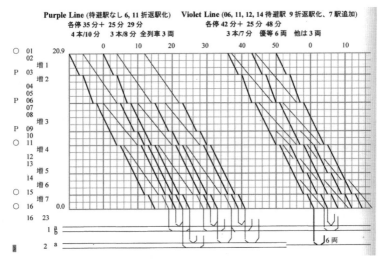

図6-15　パープルラインを都市交通改善に役立たせるダイヤ案
ダイヤ面では日本の民鉄での蓄積が役立つが、駅へのアクセス改善なども必要不可欠。

しろ、こんなものは自分の国には導入できないと逃げ腰になるに違いない。実はこのこと自体が、今の日本の利用者も苦しませていて、これの是正もまた不可欠なのである。

　つまり、民鉄のダイヤがよいとしても、民鉄を使えないJR沿線住民は民鉄型ダイヤの良さを享受できていないし、民鉄利用者自体も通勤時の混雑には決して満足はしていないのである。

　ではどうすればよいか。

　幸か不幸かコロナ禍によって通勤時の混雑はかなり緩和され、アフターコロナの時代を迎えても、かつての通勤地獄はそのまま復活しないと見られている。具体的には、首都圏ではリモートワークのある程度の定着、出勤するとしても、9時から17時に皆が一斉に、というスタイルすら大きく変化することが見込まれ、中には都心の住居を捨てて郊外などに転居する動きも見られるようになった。

　通勤利用者全体の減少に加えてラッシュ時の集中率低下も加わって、これまでの極端な混雑対策からの脱却が可能になった。著しい混雑の中で、安定輸送確保のために立ち席主体の車両設計をしたり、もともと長い停車時間を更に延

長したり、時隔の均一化のための時間調整で更に混雑が増すという悪循環が見られてきたが、この負のスパイラルから解放され、まともな通勤輸送が初めて可能になる状況に近づいているのである。

　これを奇禍としてサービスと生産性を高めつつ、大幅なサービス向上と引き替えに若干の値上げをして経営を維持する方策をとるか、一部で見られるように収入の減少をコストを下げることで補おうとして、列車の削減を進めるかで社会全体としての通勤鉄道の評価は大きく変わることになる。ここでも、国鉄末期に逆転して、JRに比べて運賃レベルが安い民鉄には大いに発展できる余地が残されている。

　ここでは、首都圏の通勤輸送を対象にしてのあるべき姿に向かう方向性を述べてみたい。著しい混雑がなくなることで、上記の悪循環から解放され、着席定員の多い車両で生産性の高いダイヤに変えるだけで通勤者全体の着席率は大幅に向上させることができる。

　首都圏の通勤輸送にはJRも関与していて、平行民鉄があるケースを別にすれば、通勤者には鉄道会社の選択はできない。そのJRに短期間にできることとしては、ダイヤの変更程度に限られるが、快速運転区間の通勤時に限れば、かなり大幅な改善余地がありそうである。現在は通勤時には快速を運転しない例が多いが、本来は通勤時にこそ通過列車主体の生産性の高いダイヤに変更するべきで、車両も乗務員も、変電所も増設せずに混雑率を下げることができ、立ち席主体の車内構造を補助椅子の活用などで着席主体に変えることができれば、通勤者全体の着席率も目立って改善できるはずである。

存続危機のローカル鉄道をどうするか

　混雑が問題になる前項とは逆に、利用者が少なくて存続の危機を迎えている鉄道も少なくない。中には鉄道としての使命を終えたケースもあれば、運行頻度が少なすぎたり、必要なところに駅がないとか遅いなどサービスが悪すぎて利用者が少ないために、本来なら存続させるべき鉄道が危機に瀕している場合も少なくない。いわゆる過疎地域で、スイスでは維持されているのに日本では維持できない例も多い。多くの場合、地域全体での経済合理性から維持しているのがスイス、利用者の負担だけでは維持困難なのが日本のケースで、これの

解決には技術論よりも政策論が果たす役割が大きいので、本書では政策論には深入りせず、技術論での改善に限って論じたい。

2011年7月の豪雨災害で3つの橋梁が流出してそのまま廃線の危機にあった只見線が、福島県と沿線自治体の支援で復旧することになり、2022年10月から全線の運行が再開した。再開前はほとんど乗客が居なかった新潟県側で、10月には連日立ち客が出ているようだ。一過性か否かは別として、スイスなら増発と増結で対処したケースである。新潟県側からの列車を利用する他地域の人にとっては、1日3往復の列車のうち利用したくなるのは1本しかないことはダイヤを見れば明らかで、当然にこの列車が混雑することは予想できていた。さらに地域住民の利用がほとんど無いとして廃止してしまった田子倉駅は、他地域からの利用者には浅草岳の登山、田子倉湖観光開発にとって無くてはならない駅なのに、全列車を止めれば利用者ゼロの列車が続出するのもまた当然なのだ。スイス流のリクエストストップにすれば、追加のコストがほとんどかからずに観光客の誘致も本格的にできるケースでもある。

人口はそこそこあっても不便だから道路を利用するようになったケースも多い。その中で「不便」にした原因が鉄道側にあるケースもまた多い。それは信号取扱者の人件費削減のために、行き違い設備を廃止してしまったケースで、必要な列車頻度が得られなくなってしまったのである。今ならコストの安い車上論理の新システムに切り替えて、コスト軽減と機能向上を両立させられる方法で、行き違い設備をすぐ後に述べる地点に復活させればよい。

さらに、病院、学校などの最寄り地点にリクエストストップの簡易な駅を増設すれば、利用者が増えそうなケースも少なくない。

「廃線の危機」よりは一ランク上の多くの非幹線は日本もスイスもそのほとんどが単線区間である。この両者の利便性に大きな違いがあるのは、スイスがあるべきダイヤを想定してそれに合わせて施設の改良を繰り返しているのに対して、日本は施設を前提にダイヤを組んでいることが大きいからである。

具体的にはスイスでは接続改善のために乗換駅での接続時刻（0分または30分の直前到着直後に出発等）のパターンが決まっているから、0分の例で説明すれば、幹線の列車が59分に到着、01分に発車なら、同一ホームの向かい側乗換の場合、支線の列車は57分に到着、03分に発車、とあるべきダイヤが決

まる。その場合、支線の列車は 27 分後の 30 分に双方向の列車がすれ違うから、そこが駅間なら部分複線化で、駅なら行き違いができる駅にすればよい。この姿勢さえあれば、巨額な投資をしなくても目に見える改善が日本でも可能なのである。

線路側での所要時間短縮法の数々

更に、正攻法としての高速化を怠り、むしろ災害対策としての低速化が進んでしまった例もわが国には少なくない。所要時間短縮の具体的方策は以下のように沢山ある。

（1）**速度制限の緩和**：一番基本的なのは、曲線半径を大きくした上で、低速貨物列車用の低カントを旅客列車用の高カントに改善することだが、有休地が活用可能な平地の一部を除いてこれは容易ではない。元もとこれが可能なら建設時からしていただろうから。比較的容易なのは、蒸気機関車時代には速度制限とは感じずに建設した平地の路線に限られよう。この場合、カントの向上に併せて緩和曲線を十分長くすることで高速化でき、車体傾斜車両を活用すれば速度向上を更に上乗せすることもできる。

（2）**臨時制限速度の向上**：数値の根拠が怪しい例もあり、低めに設定されている場合は、適正にする必要がある。

なお、これらの（1）、（2）については、旧国鉄系の事業者の中には長い区間一括でその中で最低の速度規制をしている例もあって、言語道断であり、運転士の誤り防止の観点からは、新列車制御システムの車上論理による ATP 機能に任せれば不安はなくなる。

（3）**ショートカット［1］**：スイスやスペインなど速度制限区間が多く存在する地域では、この区間を一気にバイパスする路線に切り替えるケースが多く見られる。日本でも北陸線の海沿いのルートで見られた手法であるが、平地でも浅い地下トンネルを多用することで、用地や沿線環境の悪化に関する問題を避けている例が多い。

（4）**ショートカット［2］ベーストンネル化**：山越え区間の場合、長いトンネルでショートカットすると、古い路線が勾配を緩和するために敢えて長くしていた区間が短くなる効果に加えて、最高地点の標高が下がることによる省エ

ネの効果も大きい。日本でも上越線の清水トンネルに対する新清水トンネル、北陸線の深坂トンネル、北陸トンネルの例があるが、奥羽線（『山形新幹線』区間）の災害多発区間でもある庭坂 - 関根（米沢）などをベーストンネル経由にすれば所要時間と災害対策に効果が大きい区間になるであろう。

　（5）**環境対策の向上**：強風、落石や落雪等に関する安全上、あるいは沿線騒音対策などの理由で速度規制が掛けられる場合もある。これらに対しても安全設備が結果的に速度向上を可能にする例が日本には多いはずである。

行き詰まった新幹線計画から本格的な所要時間短縮へ

　新幹線の建設がすぐにできれば在来線の高速化は不要、との前提は二重に崩れて久しい。新幹線とは別の役割がある在来線の高速化も必要だし、新幹線がすぐに建設できる資金が豊富な国ではとうの昔になくなっている。この二重の誤りを続けている内に鉄道先進国の中で日本だけの異常事態が生じてしまった。それが本章の2で示した中速鉄道の欠落という結果である。

　そもそも日本の在来鉄道の最高速度が諸外国のそれに比べて130km/hと低い理由はなぜか。主な理由は、かつてあったブレーキ距離600m以下の制約と、踏切問題である。新幹線はこれらの制約がないから最高速度は線区別に260km/h、300km/h、320km/hなどとなっている。線区の最高速度が130km/hと260km/hとの間に入るのは、今では京成のスカイライナーが走る成田スカイアクセス線の僅か20kmしかない（図6-7）。

　かつての600mの根拠は、事故が発生した際の併発事故を防ぐ目的で、列車防護のために対向列車や続行列車を止める緊急信号を仕掛けるのに乗務員が線路を走って行ける距離と、列車が止まれる距離として600mが定められた。

　また、警報装置も遮断機もない今の分類で第4種踏切の時代に、踏切の見通し距離とブレーキ距離との関係からこの規定ができたとの説が有力である。

　今では、列車防護は無線を使って行うのが当然であり、既に600mの縛りはないのであるが、踏切の不安はまだ残っている。残ってはいるが、これまた新しい運転保安システムで対処が可能なのである。

図6-16　国鉄末期の中速鉄道化への試み：381系による高速試験
線路の良い湖西線を使っての高速集電試験が夜間に行われ筆者も立ち会った。(永原 1984.7　筆者)

図6-17　容易に中速鉄道化が可能なつくばエクスプレス
企画段階から160km/h運転を目指していたので都心側20km程度の地下区間を除けば中速鉄道化には障害は少ない。(南流山 - 流山セントラルパーク　2022.5　焼田 健)

(1)　在来鉄道の中速鉄道化

　こうして130km/hの壁がなくなっても、速度制限の多い線区では最高速度を上げることによる所要時間短縮が十分にできるとは限らない。

　中速鉄道化が必要で有効なのは、元もと線形の良い幹線や比較的近年に建設された路線、新幹線直通線の「山形新幹線」、「秋田新幹線」などが筆頭になろう。代表例をあげれば、新幹線計画がない常磐線、中央線、室蘭線、千歳線、近鉄名古屋線、新幹線計画はあっても当分順番が回ってこないことが明白な羽越線、白新線、都市近郊では北総鉄道、つくばエクスプレス、京王相模原線などがあげられよう。

　言い方を変えるなら、これらの線区は他の国なら当然にスピードアップが実現していたはずの線区であり、スイスなら「山形新幹線」の福島—米沢間の災害多発区間はベーストンネル経由で運転しているはずなのである。

　こうして、環境・安全・資源問題も絡めて鉄道の高速化による交通全体の費用対効果を求めれば、日本だけの異常状態は改善されると考えられる。

　将来に亘って鉄道の活躍が必要な線区に関しては、例えば都市近郊での連続立体化工事の機会に線形改良も併せて行うなど、計画的な考慮が望まれる。なお、古い規格の東海道新幹線を走るN700系や、山陽新幹線以後の今では国際的には最低レベルの高速線の線路で作られた東北新幹線で320km/h運転をしているE5系、E6系が車体傾斜制御の助けを借りているように、中速鉄道では車体傾斜の助けが必要になることもほぼ明確である。

　今、上野—水戸間をノンストップで結んでいる特急ひたちの所要時間が最短65分であるのをスイスに習うなら、東京—水戸間を56分程度にしたい。実際にはわが国では接続重視の同期ダイヤTaktfahrplanは未導入だから、今のところ56分に重要な意味はないので、当面は60分でも良いだろうし、余力が出れば上野・土浦・石岡等に停車させても良いだろう。それらは十分に可能である。

　中央線の場合は、線形の良い高尾までの区間で通勤電車の運転速度も向上させた上で、東京—松本を2時間運転にはできよう。ただし、この場合は、今のE353方式の空気バネ式の車体傾斜では曲線での速度向上が不十分だから本格的な複合車体傾斜システムなどが必要になろう。

　近鉄名古屋線の場合は、名阪特急用の大阪線の急勾配での高速対応車両を用

図 6-18　「秋田新幹線」化に向けて田沢湖線の標準軌化に活躍した連続軌道更新機
高度に機械化した連続軌道更新機ビッグワンダーは田沢湖線の後「山形新幹線」の新庄延伸にも活躍、
2050m/日の改軌速度記録も生まれた。（1996.5　筆者）

いながら平坦な名古屋線をのんびり走行している現状は勿体ない。比較的容易に近鉄名古屋―鶴橋／大阪難波の所要時間を2時間以内に、名古屋―鳥羽では今では互角の快速みえとの所要時間を、山田線を含めた中速鉄道化で有位な差を付けることが出来よう。

（2）時代遅れの整備新幹線から中速新幹線へ

　元もと輸送力不足の東海道線の複々線化の一形態として作られた東海道新幹線のやや進化した形態として、1972年の岡山延伸時の規格のまま、今でも整備新幹線が建設されている。

　今見直せば、巨大な駅舎を在来線とは別に巨額な建設費を掛けて作り、その中で分岐器の制限速度などは高速鉄道にあるまじき低規格であるなど、時代の要請に応えていない。巨額な建設費はいずれ利用者につけが回り、並行在来線を含めた地元負担が過大になるとして、各地で問題が起きている。

　発想を転換して、輸送力増強ではなく、輸送の質の向上としての高速化にねらいを絞れば、これからの新幹線はこれまでの新幹線とは異質の、いわば中速新幹線に切り替える必要があることが判るだろう。

　基本的な考えと姿は以下のようなものである。

　駅は在来駅に乗り入れることを基本としつつ、在来線（民鉄があれば在来の鉄道、更に必要なら主要な路面交通]）との接続を重視した構造にする。ダイ

図6-19　日本の軌間可変電車第3次試験車両
日本では新幹線向けには断念したが中速新幹線や中速化に伴い標準軌に改軌した区間には
適用できよう。(熊本総合車両所　2014.4　鉄道ピクトリアル編集部)

ヤも基本的に在来の交通との接続を考えたもの、つまり今の西九州新幹線の武雄温泉のように同一ホームの向かい側での接続を基本とし、線路はそれに適したものを建設する。

　その手法は、基本をダイヤに合わせた部分複線の標準軌の単線とし、流用が可能な場合は、在来線の一部を活用して共用する。今後建設する中速新幹線は輸送力の観点から新幹線並みの3.4mの車体幅ではなく、2.9m程度の在来線の車両限界を用いることを基本とし、災害大国でもある日本の鉄道としては、在来線を含めた標準軌低重心車両を目指す観点から、床高さを減らした『山形・秋田新幹線』車両に準じたものとする。

　在来線を含めた改軌の方式は、過去に多くの経験を持っていて、伊勢湾台風で不通になった、狭軌だった名古屋線を一気に標準軌に改めた近鉄方式、標準軌の箱根登山鉄道に乗り入れるために3線軌にした後で今の狭軌にした小田急方式、1372mmから1435mmにするために3線化ができない中で通勤輸送を継続しながら少しずつ進めた京成方式、素早く進めるためにビッグワンダーという重機を活用した「秋田新幹線」方式など、地域に適した取捨選択で行えばよく、電気方式も25kVと称する30kV方式にはこだわる必要はなく、20kVや

直流 1500V のままでも十分に可能である。

　なお、新幹線で少なくとも 260km/h 運転をすることを前提に実用化を断念した国産フリーゲージトレインも、中速新幹線なら出番があっても良いだろう。

　要は、用途と必要性に応じて社会経済的に必要十分な鉄道に向けて、決定的に遅れてしまった日本の鉄道を再生させることで、日本全体の再活性化を取り戻す必要があり、ぽっかりと空白になっている中心の穴をうまく埋めてゆく作業が今後の日本の鉄道のカギになるであろう。

あとがき

　ヨンサントオと呼ばれた昭和43（1968）年10月の国鉄による全国ダイヤ改正を最後に、在来の鉄道は進歩を止めてしまい、国鉄改革後には新幹線の技術的な遅れは一旦回復に向かったものの、改革の勢いは長続きせずに今世紀の日本の鉄道はその歩みを止めてしまった。その中で迎えた鉄道150年は、停滞している日本経済を象徴するかのように、環境問題をきっかけにして活気を帯びている世界の鉄道界からも明白な立ち遅れが目立ってしまった。

　低速鉄道が超えられなかったブレーキ距離600mの縛りも130km/hの壁も今や技術的には存在しないし、建設費が高すぎるために建設速度が極端に鈍っている新幹線も今のやり方では先が見えない。社会に役立つ鉄道の中央に位置すべき中速鉄道の空白を一日でも早く埋める知恵に期待して本書の結びとしたい。

　本書を纏めるに当たっては、多くの貴重なストックの中から的確な内容の写真を探して雑誌での連載にご提供いただいた鉄道ピクトリアル誌の今津直久編集長には、単行本化に際しては改めて別の写真を探していただくわがままをお許し頂き、併せて貴重な写真の流用をお認め頂いた多くの撮影者、著作権者の方々に感謝申し上げます。また、単行本化に際しては、著者の新たな希望や追加などでさまざまな手数をおかけし、アドバイスを頂いた成山堂編集部の方々には大変お世話になりました。

　長い鉄道技術人生を支えていただいた恩師、先輩、同僚や研究仲間、良い環境で自由にやりたいことをさせていただいた家族、パートナー、趣味仲間、教え子など、いちいち名前は書きませんが多くの方々に感謝して筆を置くことにしたい。

用語解説

凡例

　車①：特定車両群の解説

　車②：車両構造・性能・制御の解説

　運①：運転特性の解説

　運②：列車種別とダイヤの解説

　信①：信号保安についての概要

　信②：在来の信号方式の解説

　信③：これからの運転制御方式の解説

　饋電：電化方式・電力供給方式の解説

　その他：

　施設・線路：

　組織：

　　鉄道の分類と組織：

　　外部の組織の例：

　　海外では：

車①：特定車両群の解説

小田急の SE 車

　1957 年に小田急の山本利三郎技師長の発想を，新幹線車両技術の完成を目指していた国鉄の技術研究所も協力して実現した初代の3000形で，**SE** とは Super Express の意味。画期的な軽量・低重心・高速特性で，鉄道友の会が新たに設けたブルーリボン賞を受賞。連節構造が最大の特徴で，これは後の3100形 **NSE**（1963），7000形 **LSE**（1980），10000形 **HiSE**（1987），50000形 **VSE**（2005）にも引き継がれたが，御殿場線直通を小田急からの片乗入れから JR 東海との相互乗入れに変更した際の20000形 **RSE**（1991），観光用よりも沿線利用者向けの色彩が強い30000形 Exe（1996），千代田線直通の60000形 **MSE**（2008）が作られた後，観光用に戻った70000形 **GSE**（2018）も非連節構造で，ボギー車と呼ばれ1両毎に2台車を持つ構造。

新幹線車両

　国鉄の新幹線は1964-1987年の全期間を通じて **0系**（1964），**200系**（1982），**100系**（1985）の3系列しかない。この間に，後発のフランスやドイツに大きく水をあけられてしまい，1987年に発足した JR 本州3社は100系と200系を改良しつつの増備と平行して高速化の技術開発を進めた。最初の大きな成果が東海道山陽新幹線向けの **300系**（1992），**500系**（1997）だった。

　300系は交流電化の特性を活用して，高速からのブレーキ能力を向上しつつ画期的な軽量化を実現した交流電力回生ブレーキ【⇒**車②**】を世界に先駆けて高速車用として実現し，世界的に高速列車の動力分散方式【⇒**車②**】化をもたらした車両である。500系は山陽新幹線での 300km/h 運転を実現するために，300系の特性を一層進めた車両で，これにより速度面でフランスに追いついた。

　東北新幹線では本格的な高速化に先駆けて在来線の山形直通用の400系（1992）と，通勤用としての輸送力の大きな2階建て E1系（1994）とその改良版 E4系（1997）を作った後に高速性能を

高めた **E2 系**（1997），その在来線直通用の **E3 系**（1997）とその後継の **E8 系**（2023）を作った。
東海道山陽新幹線にはその後 **700 系**（1999）とその進化系といえる **N700 系**（2007），N700A（2013）と N700S（2020）が，山陽新幹線用と一部九州新幹線直通用には 8 両の 700 系（2000），同N700 系（2011），同 N700S（2021）が，勾配がきつい九州新幹線には 700 系（6M2T【⇒**車②**】）をベースにした全 M【⇒**車②**】6 両の **800 系**（2004），西九州新幹線には N700S をベースにした全 M6 両の **N700S**（2022）が，東北北海道新幹線用には本格的高速性能を持つ E5・H5 系（2011）とそのグループの在来線の秋田直通用の E6 系（2013）が，50Hz と 60Hz が混在【⇒**饋電**】する北陸新幹線には E7・W7 系（2015）が用いられ，上越新幹線には東北新幹線／北陸新幹線用の車両か流用されている。

▍私鉄・民鉄の車両

直流モーターを抵抗制御する時代の車両の高性能化は各社の試作を経て営団地下鉄の 300 形から量産車の時代に入り，1954 年には小田急の **2200 型**を初めとする私鉄高性能電車【⇒**車②**】が続々と登場し，阪神電鉄の**ジェットカー**などの高性能を活かした各停専用車などもあった。それ以前にも 1930 年代に名車といわれた電車もあった。関西には，南海の電 9 型，新京阪のデイ 100 系，阪和のモヨ 100 型などの国鉄よりも速く走ることを売り物にした大出力重量級の電車が，関東には中出力軽量級の湘南**デ 1 型**［後の京急 **230 形**］などがあった。
1980 年代に入ると，民鉄ではブレーキの改革が進み，東急 **8000 系**などの電力回生ブレーキ【⇒**車②**】の時代に入り，ほとんどの民鉄に界磁チョッパ制御が普及した。1980 年代後半からは交流モーターを用いる新京成 **8800 系**などのインバータ制御【⇒**車②**】の時代になっている。

▍国鉄・JR の電車

国鉄も 1957 年から高性能車化を目指して中央線に**モハ 90 型**（後に名称変更で **101 系**）の投入を始めたが，変電所が対応しきれずに全 M【⇒**車②**】の予定が 6M4T【⇒**車②**】にせざるを得なくなって，看板を高性能電車から「新性能電車」に掛け替えた。**103 系**がその代表である。その後の電力回生車の時代には国鉄は地下鉄用のチョッパ制御を地上線に適用しようと 201 系を作ったが特性が悪く失敗，この失敗を取り戻すべく，界磁添加励磁制御【⇒**車②**】を開発して **205 系**，**211 系**，**213 系**を作り，これが JR 化初期の新車の大量生産に大きく貢献した。代表車は JR 西日本の **221 系**であり，北は北海道の **721 系**から，**215**，**719 系**（東日本），**311 系**（東海），**7000 系**（四国），**811 系**（九州）までサービスレベルも高い車両が出そろった。交流モーターを用いる電気車は国鉄時代には試作のみで終わった。

▍国鉄の交流電気車

日本の交流電化【⇒**饋電**】は 1957 年にスタートするが，フランスからの見本機関車の輸入に失敗してからの国産技術が成功に導き，間接的に新幹線の技術基盤をも支えた。最初はモーター自体を交流モーター化するつもりで **ED44 形**を日立・富士・東芝の 3 社で合作し，三菱は整流器式 **ED45** という機関車を作り，仙山線で試験をした。電車への応用は後になった。**電気機関車**と**電車**を総称して**電気車**という。結果は，ED44 はほぼ予想通りの成功，ED45 は 4 軸ながら 6 軸の直流機関車を上回る引張力【⇒**運①**】を発揮するという信じられないほどの大成功だった。この結果，整流器式採用を決め，本格的交流電化第一号の北陸線には三菱の **ED70** が，三菱以外の機関車メー

カーも ED45 の追加製造を経て，引き続きの東北線，鹿児島線等にも ED71，ED72，ED73 という水銀整流器式機関車を納入，予熱が必要で，振動による故障などの使いにくさから，ED74 以後の機関車と，交直流電車は常磐線用の 401 系以後は全てシリコン整流器式となった。なお，仙山線でも電車の試験も行われ，直流電車の制御車 5900 形に変圧器等の交流機器と直流に変換する各種の整流器の試験も行われた。

後年にはサイリスタ式の位相制御を用いた勾配線区用の ED77（ED93）や回生ブレーキ付きの ED78（ED94），EF71 も作られ，これらの技術は北海道の 711 系電車と，新幹線の 200 系，100 系にも応用された。

▍海外の車両

海外の車両を手本にした例としては，シカゴ近郊の NSL でポール集電ながら 140km/h での走行，食堂車付きの連節車として京急に刺激を与えた Electroliner，営団地下鉄 300 形のモデルになったニューヨーク地下鉄の R12 形，日本では旧式の路面電車だけの時代に海外の，特に欧米の新しいライトレール（LRT）とその車両（LRV）が話題になった。

日本との比較では日本が動力分散式を主張するのに対して欧米の多くの国が動力集中式がよいとの主張で，ドイツが二度に亘って比較した例として，ET403，ICE-2 と ICE-3 があり，ドイツの結論は直流モーター時代には欧州流，交流モーター時代には日本流に軍配を上げた。

日本からの技術輸出では，台湾高速鉄道には同じ 60Hz 電化の東海道山陽新幹線 700 系を，中国本土には同じ 50Hz の東北新幹線用の E2 系が，それぞれ 700T，CRH2 として契約に基づいて海外展開された。もともと 300 系と 500 系を足して 2 で割ったような中途半端な 700 系は，輸出に際して，少なくとも以下の 4 点で改良された。①：地震による緊急停止に日本では変電所を停電させる方式だが，台湾では地震による停止には停電させず，電気事故に際しての停電と分離，②：アヒルの嘴のような正面形状を 700 系が不採用にした他の形状案から選んで変更，③：不要な乗務員専用扉の廃止，④：最高速度を 285km/h から 300km/h に向上。②は九州新幹線 800 系も同様，③は中国 CRH2 も後に採用した。

中国本土の高速鉄道には日本（CRH2），ドイツ（CRH1 と CRH3），イタリア（CRH5）の技術が採用されたが，このうち本格的な高速用途には CRH2 と CRH3 の 2 種が選ばれ，国産化率を高めた CRH380 には，日本式の CRH380A とドイツ式の CRH380B が，更に本格的な国産標準車を目指した CR400 には，制御器を鉄道科学研究院（鉄科院）[⇒その他] が作り，共通化を目指した CR400AF と CR400BF とができた。

インドには JR 東日本の E5 系をベースにした車両が輸出されることになっているが，隣接線間距離が近くトンネルが多い日本にしか必要がない特殊形状が有効床面積の観点から批判を浴びることになる。この点では，デンマークの IC3 気動車/IR4 電車という，編成を分割して航送する車両の先頭形状が参考になる。

車②：車両構造・性能・制御の解説

▍ボギー車と連節車

普通の車両は各車体の前後に 2 軸の台車を持ち，これをボギー車と呼び，必要に応じて連結して用いる。これに対して，車体の繋ぎ目に共通の台車を持つ連節車［連接車ともいう］があり，これらには以下のような利害得失がある。曲線通過のために，台車間距離には上限があるから，長い列

車では連節にして台車数を減らすことで，全体の
軽量化ができ，曲線の入口・出口でも車体の横ず
れがないから通路として安全に利用できる。ボ
ギー車の箱根登山電車では車体間の通路は普段は
通行禁止であるが，連節の江ノ電では通行できる。
連節車の欠点としては車体の切り離しが困難なこ
と，連節構造にできない先頭部・最後尾の横揺れ
が大きくなりがち，台者数削減の裏返しとしての
軸重の増加などがある。

　なお，広義の連節車には車体の繋ぎ目に台車が
ある形式以外のものもあり，低床路面電車の中に
は前後の車体が，台車のない中間車体の籠を担ぐ
ようなもの，ヨーロッパの近郊型車両には短い車
体の機関車のような動力部分に前後の片端にしか
台車のない車体が繋がるものなどもある。

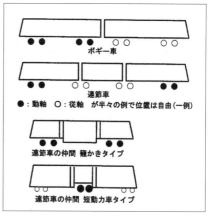

ボギー車と各種の連節車の図

私鉄高性能電車と国鉄新性能電車の特性と構成

　1954 年に私鉄に一斉に登場した高性能電車は，従来は重く低速回転のモーターを車軸に吊り掛
けていた吊掛式から，高速回転・軽量のモーターを台車に取り付け，車軸との間に若干の動きがあっ
ても良いようにカルダン軸などの可撓継手を介して駆動力を伝え，併せて台車，車体などの軽量化
も進めて加速度・減速度を高め，ブレーキの応答性を高め，モーターを発電機として用いる**発電ブ
レーキ**を主体にすることで機械ブレーキによるエネルギー吸収をほとんどなくして保守も容易にし
た。このことでレールへの負担を減らしつつ，高速化による所要車両数の削減，レール関連の保守
費削減を達成した。

　当初の高性能車はそれまでの**電動車（M 車）**と**付随車（T 車）**［モーターを持たない車両。この
うち運転台のある車両は**制御車（Tc 車）**という］との組み合わせから**全電動車方式**に変更し，こ
れによるコスト増加を 2 両で一組，つまりこれまでの 4 個のモーターを制御していた制御器が 8 個
のモーターの制御をすることで，制御器の数は増加させないいわゆる **MM' 方式**を電気方式
1500V の私鉄では採用した。これで以前は 2 個直列接続で端子電圧 750V（675V）のモーターを
4 個直列にして 375V（340V）に電圧を下げることで，高速からの発電ブレーキに際しては過電圧
特性を活用して，発電機として用いるモーターあたりの電圧を 900V 程度まで使ってブレーキ性能
を格段に高めることができた。なお当時はまだ **600V** だった大手私鉄も多く，ここでは MM' 方式
ではなく，従来と同様の 1 両単独制御の **1M 方式**も見られた。

　国鉄も遅れて同様のものを導入したが，高性能化に伴う変電所の負担問題から加減速度などの性
能を落として，他の優れた特性を発揮させる方法に切り替え，**新性能電車**と呼ぶことにした。

全 M か MT 混成か

　もともと電車は路面電車からスタートし，その後の地下鉄を含めて全て M 車だった。郊外電車
では経済性のため，必要なときにモーターを持たない T 車や Tc 車と組み合わせて使用する MT 混
成化に向かう。当初の電動車は 2 軸台車 2 台全てが動軸だったから，2M1T などと表現すれば全体

の 2/3 が動軸であることが明確で，M 車数と T 車数との比を **MT 比**と呼び走行性能に関わる重要な指標の一つになっている。

この MT 混成化の早い段階の一つが小田急に登場した High Economical Car こと **2400 系** HE 車だった。これは重く長い中間 M 車と軽く短い制御車とを組み合わせた 4 両編成で，数の上では 2M2T だが，動軸の重量と従軸［非動軸のこと］との重量比から見ると 2.5M1.5T のような構成であった。

■ モーターと駆動制御方式とブレーキ方式

モーターの種類は大別して 1980 年代半ばまでは**直流モーター**，1990 年代に入る頃には**交流モーター**に変わり，これに伴いモーターを制御する**制御装置**も一変した。

1950 年代前半までは電気ブレーキなしの**抵抗制御**で編成内の複数の M 車を運転士一人で制御する総括制御，抵抗を抜いてゆく動作を自動化した自動進段式が一般化していた。それには抵抗器毎のスイッチを用いる**単位スイッチ式**と，カム軸と連動する多くのスイッチ群を用いる**カム軸式**とがあった。

列車のブレーキは長い間車輪にブレーキを押し当ててその摩擦によって止める方式だった。摩擦係数の変化，発熱に伴う危険など特性は良くなかった。高性能電車の時代に入ると駆動用のモーターを発電機として活用する**発電ブレーキ**式が標準になり，電気的制御になったために特性は大幅に向上した。しかし，発電した電力は車載の抵抗器で熱として捨ててしまうという点では省エネにはなっていない。その後地下鉄では電機子回路の電圧をサイリスタチョッパで連続制御する**チョッパ制御**が，地上の民鉄では電機子回路は抵抗制御のままで，界磁回路を**界磁チョッパ**で制御する複巻モーターを用いて，ブレーキ時は自動的に電力を電源側に戻す**電力回生ブレーキ**式に移行し，エネルギーの有効活用にも寄与するようになった。

なお，直流モーター時代の国鉄の新幹線と東北・北海道・九州などの交流電化区間では，地下鉄電車用のチョッパ制御と同様に，モーターの電圧を連続的に変える方法としてサイリスタ整流器の位相制御による方式を採用した。200 系，100 系，711 系がこの例である。

国鉄の直流区間ではモーターの保守が面倒になるとして複巻モーターへの移行を嫌い，試作車**591 系**で試験をしただけで，その代わりに直巻モーターの界磁に大電流の調整回路を加えた**界磁添加励磁制御**の 205，211，213 系をその末期に導入して成功した。この方式では従来の発電ブレーキを回生ブレーキに改造できる特徴もあり，この特長を生かした改造が**名古屋鉄道の 5300 系**，営団の 5000 系，近畿日本鉄道の 8800 系などに採用されたが，本家の国鉄・JR では 103 系や 113 系などに対するこの種の改造は全く行われなかった。

1980 年代の後半からは，モーターに面倒なブラシ交換などの保守がほとんど不要な交流モーターを用いる**インバータ制御**が民鉄で普及しだして，1990 年代に入ると JR も含めて交流モーター駆動の新時代に移行する。

インバータ制御では，加速とブレーキは同じ装置の動作モードの違いだけになり，ブレーキは自動的に電力回生ブレーキになる。

ここで問題になるのが，直流電化に特有の**回生失効**［⇒饋電］という，近くに回生電力を消費する列車がないと，この方式のブレーキが無効になってしまう現象である。このこともあるので，深夜に単独で走行することも多い JR 貨物の直流電気機関車では回生は当てにせず，ブレーキのために本来不要な抵抗器を積んで発電ブレーキを常用するケースもある。

運①：運転特性の解説

速度 - 加減速力特性

図 6-8 のように，横軸に速度，縦軸に加速力を取ってその上に必要な特性を表現することができる。図の例では一点鎖線で示した JR の **E233 系**，実線で示した小田急 **4000 系**のいずれも運転士が扱う最大能力を引き出すフルノッチの，パンタグラフの電圧が指定値における特性と，点線で示した 4000 系の特性を速度軸方向に 2 倍に増加させた特性である。

今の制御装置なら，この最大までの範囲で，好きな特性を出すことは容易にできる。例えば，注意信号［**⇒信②**］を受けて，許容範囲でなるべく速く走り続けたいなら，誤差や応答遅れを考慮して 44km/h の場所に縦の線を引く特性，つまり定速走行特性を，図の上限から，図では省略している縦軸が負の方向のブレーキ領域の一番下まで持たせることで線路の勾配にかかわらず 45km/h 以下の走行が実現できる，

これらの電車の場合には，列車の質量は空車の質量 30t ／車程度に満員時の乗客最大で 15t 程度を加えたもので割ることで，実際の加速度が得られるが，既に多くの通勤電車には実際の乗客の質量を空気バネの圧力で常時測定してこれを反映させた**応荷重制御**も採用済みである。この場合は，縦軸は加速度表示になっていると考えて良い。

機関車の場合は，単独で走ることもあれば重い貨車を沢山牽引することもある。当然引張力には機関車の車輪が空転しない範囲という制約があるから，重い列車では加速度は低くなり，発車後の列車としての走行距離と速度との関係は荷重によって大幅に変わる。

運転上の主な制約

道路と違って線路はいわば列車の専用路であり，サイズ［**幅，高さ**，車両も列車としての**長さも**］，**質量**［列車としても 1 軸あたりの軸重も］，方式［**電気方式，信号方式**など］，操縦者［車種の**免許**も路線の**資格**も］などの条件の合うものしかそもそも走れない。その上，曲線，分岐器，勾配，車種や場合によっては同じ車両でも列車種別で**許容最高速度**が違うこともある。駅によっては，ルート毎に入線できる列車の種類や長さに制約があったり，長い列車が停車している短い列車とすれ違ったり追い越すことはできても，その逆はできない，などということもある。さらに，プラットホームからはみ出す停車など通常は禁じられていることでも，特別の場合には許容されることもある。

日本の複線区間では駅間では左側を走行することになっていて，信号もそれを前提に作られているが，世界の多くの国では左右どちらの線も同等に走れることが多い。これを用いて低速列車を同方向に走る高速列車が追い抜くことも出来る，このシステムを**単線並列**と呼び，信号や踏切保安システムもそれに対応させた**単線並列信号**になっている。高速鉄道でこれを用いていないのは日本だけである。

運②：列車種別とダイヤの解説

実際の運転と列車ダイヤ

運①で述べた運転性能をベースにしつつ，路線やネットワークの利便性を考慮した実際の列車の運転時刻を定めたものが列車ダイヤ［以下単にダイヤ］である。ダイヤを作る上での基本は，停車，通過の組み合わせに応じた駅間走行時間で走行できるか，が基本になる。ここでいう駅とは，運転取扱上の駅であり，営業上の乗降ができても**運転取扱駅**ではない停留場とよばれるものは除外され，

営業には関わらない信号場が含まれる。

　隣接駅ＡとＢとがあって，この間を走る時間は，一番短いＡ駅通過からＢ駅通過まで，Ａ駅発車からＢ駅通過まで，Ａ駅通過からＢ駅到着まで，一番長いＡ駅発車からＢ駅到着まで，全て異なるし，場合によっては駅のどの番線を使うかによっても異なる。多駅間での列車の所要時間は停車パターンの違い，列車の最高速度や加減速特性などで変わるから，特急，快速，普通などの**列車種別**毎に標準となる走り方を定め，停車パターンによって個々の列車の所要時間を算出することが多い。基本となるこの時間は，線路の条件による速度制限，列車の走行性能，特に加減速性能，列車の長さでほぼ決まる**最低の所要時間**に，適切な**余裕時間**を加えて計画できる。更に，ダイヤ全体では停車駅での停車時間によっても大きく変わり，乗降や駅での増解結などの取扱いに必要な時間は確保しなくてはならないが，実はダイヤ作成上の必要悪的な，またはダイヤ作成または運行管理の能力上必要になる**無駄時間**も少なくない。

　乗客から見た速度の指標として，乗車駅から降車駅までの途中駅等での停車時間を含めた平均速度を**表定速度**といい，始発駅から終着駅までの表定速度を列車としての速度の指標とするのが普通である。

　複数の列車種別を持つダイヤには，民鉄に多い特急や快速などの停車駅の少ない急行系の列車と，基本的には全ての駅に停車する緩行列車とを追い越し駅で相互に接続させる**緩急結合輸送**と，JRに多い特急などが無停車で追い越しをする**緩急分離輸送**が代表的なパターンである。都心部への通勤用の混雑区間には総停車回数を減らして生産性とサービスを高める手法として，郊外の地域で各駅に止まって乗車客を集め，その後ほぼノンストップで都心に直行する列車と，都心近くだけを各駅に停車する列車のように，いくつかの地域に分けて輸送する形態も民鉄には普及しており，**地域分離輸送等**と呼んでいる。

▌路線のダイヤと全体のダイヤ

　正式には「○○線列車運行図表」と呼ばれるものが前者であり，微修正はかなり頻繁に行われる。時刻表の上では同一でも，使われる車種や編成長が変わっても別のダイヤになる。東海道新幹線の発展期には開業時には1時間あたり上下各ひかり1本，こだま1本の**1-1パターン**だったのが**2-2**，**3-3**と輸送力が伸びてきて，やがて**5-5パターン**であるが人気の無くなったこだまは4本で十分と**5-4ダイヤ**で行き詰まってしまった。国鉄全体では1968（昭和43）年10月の**43.10（ヨンサントオ）ダイヤ**，までが質・量共に発展してきたダイヤで，国鉄問題が顕在化した10年後の**53.10ダイヤ**では平時では異例のスピードダウンも見られた。分割民営化を控えた**61.11ダイヤ**は現在のJRのダイヤのベースになっているし，進歩が止まっていた新幹線では**60.3ダイヤ**で初めて6-4ダイヤが実現し，61.11ダイヤではひかりの新大阪までの所要時間が3時間を切ることになった。現在の全国のダイヤは2023年3月18日に改正されたものである。

▌ダイヤと運行管理

　路線の列車ダイヤは予め決めてあり，その順序に従って分岐器の転換，出発の合図等を自動で行う制御は広く普及していて，ダイヤ通りに運行している場合には，事前の入力は別として時々刻々にはほとんど手がかからない。しかし，ダイヤが乱れるとその原因に応じて，列車の順序を変更したり，折り返し運転をしたり，輸送状況に応じて臨時停車させるなどの**運転整理**の必要が生じる。これらに付随して，案内，要員の手配，その他多くの管理業務が発生し，これらを**運行管理**といい，

運行司令所または運行指令所［前者は民鉄系に多く，後者は JR 系に多く，同義語で世界的には **OCC**，Operation Control Centre と呼ばれる］で行っている。

信①：信号保安についての概要

列車事故を防ぐ古典的な仕組み

　列車とは駅間を運転する車両のことで，列車に関わる事故のうち，特に重要な**衝突，脱線，火災***)（これらを**列車事故**と呼ぶ）を防ぐことが，信号システムの基本的な任務である。伝統的な運転方式では，列車は始発駅と終着駅とを定め，適合する車両と乗務員とで，始発，終着駅間の運転取扱駅毎に**運行管理者**が運転順序を事前に定めて，発車時刻に応じて**出発信号機**に進行を指示する**信号**を**現示**することで出発を許可する。次の運転取扱駅【⇒**運②**】では到着番線への進入の安全が確保できていればその駅への到着を許可し，そうでなければ駅手前の**場内信号機**で停止させる。

　この区間が単線で，上下併せて最大で1列車しか走らせない区間なら，隣接運転取扱駅間には信号がなくても良い。複線区間で上下線それぞれに複数の列車を走らせる場合や，単線区間でも同じ方向に複数の列車を連続して走らせたい場合は，駅間での追突を防ぐ目的で運転取扱駅間を複数の**閉塞区間**に分割して，各閉塞区間には複数の列車が進入しないように駅間に**閉塞信号機**を設置する。

　これが，古典的な信号の基本で，運行管理者が列車の順序を決めるに際して，駅間で正面衝突する可能性を排除する機能は信号システムの最上位の機能である。乗務員は信号を遵守することで衝突の心配はなくなるが，信号を守らなかったり，決められた速度を超過したりすれば，衝突や脱線事故に至る可能性が高い。この観点から，現在の信号システムは，乗務員のミス等に対してもできる限り安全を守れるように日本では **ATS**［**自動列車停止**（装置）］や **ATC**［**自動列車制御**（装置）］と呼ばれる，国際英語ではこれらを総称する **ATP**（Automatic Train Protection）［**自動列車保安**（装置）］が標準的に設置され，速度超過や踏切保安などにも可能な限り対応している。

　運転取扱駅では，終着，折り返し，同方向の列車の追い越し，単線区間なら，行き違いや追い越しなども行われ，列車の順序は事前に計画したダイヤから臨時に変更することもあるから，運転取扱駅への**場内信号機**と，そこからの**出発信号機**は運行管理者の意思が加わる非自動システムである。従って，これらの信号は「**絶対信号**」と呼ばれ，管理者からの指示がなければ変更できない。

　これに対して，駅中間の**閉塞信号機**は故障時には停止信号になるように設計されていることもあって，駅間での無線連絡がなかった時代には「**許容信号**」と呼ばれ，一旦停止後に徐行で進入することが許されていた。今では運行管理者との無線連絡が可能な区間では司令・指令の許可を受けることになっている。

既存の信号システムの基本

　ここでは今でも多く使われている地上の信号機を乗務員が見て運転するシステムで説明する。

　地上信号機は赤（R），黄橙（Y），緑（G）の3色にそれぞれ**停止**，次の信号が停止なので**注意**して進行，**進行**の指示を意味している。「停止」は文字通りの意味で，その信号の手前で停止せよ，（Y）の「注意」の意味は鉄道や線区で異なり「速度制限を伴わずに次が停止信号であることを想定して

---

*)：信号では防げない火災も少なくないが，電気事故のある区間に進入したり，異電源区間に切り替えずに進入して電気火災が発生したり，燃料を積んだ貨車が過速度で転覆して火災になるようなことは信号で防いでいる。

走行せよ」の意味の場合と，線区別に指定されている，典型例では「45km/h以下で進行せよ」の場合がある。この3色を用いて必要に応じて最大で7段階の速度規制ができているが，その詳細は**信②**で示す。

　車内信号の場合は，遙かに多段階の現示が数字などでできるが，どこで車内信号が変化するか事前には判らず，その制限速度も多様なので，装置による自動ブレーキの例が多い。

▌大きな鉄道事故と技術

　三河島事故：常磐線三河島駅で1962年5月に発生した停止信号冒進事故，死者160。これをきっかけに国鉄全線全列車にATS-Sを設置したが，成果不十分で後の民鉄型ATSに発展するきっかけになった。**エシェデ事故**：1998年6月にドイツの高速鉄道で発生した，車輪の破損をきっかけにする事故，死者101。事前の検査で見つけることができない車輪構造を高速鉄道では用いないことに，台湾の高速鉄道が欧州式から日本式に変わったきっかけの一つ。**福知山線事故**：尼崎付近で2005年4月に発生した速度超過による転覆脱線事故，死者107。その前月に土佐くろしお鉄道宿毛駅で発生した**宿毛事故**：死者1ながらほとんど全員が死傷した。これらの事故をきっかけに，端末駅の防護と速度超過にも対応するレベル［大手民鉄では1960年代から実施済み］のATPを全国の鉄道に整備した。**温州事故**：2011年7月に中国の高速鉄道で発生した信号故障時の代用閉塞の取扱ミスで列車が追突，死者40。経験不足と，事故報告での再発防止の姿勢欠如が露呈した。

信②：在来の信号方式の解説

▌各種の自動列車保安システム（ATP）

　列車事故は乗務員が信号を守ることで防ぐのが基本とはいえ，人間は訓練を重ねても十分に低いとは言えない確率で見落としや勘違いをする。このことは1940年頃には判っていた。そこで国鉄はバックアップの装置の導入を計画したが，当時は停止信号に接近すると警報を発する自動警報システム（AWS）を考えていた。若干の線区にAWSが付けられていた1962年に三河島で衝突事故が発生し，これを機にこの**警報装置**に若干の機能を追加して，警報後5秒以内にブレーキをかけ，確認ボタンを押さないと非常ブレーキがかかる仕組みにし，**ATS-S型**として全国に設置した。しかしブレーキを掛けなくても確認ボタンさえ押せば非常ブレーキはかからず，設置後も事故は根絶できなかった。この失敗を契機にして，画期的な**民鉄型ATS**ができるに至った。

▌信号現示

　列車が低速な時代には**進行**（G）と**停止**（R）があれば十分だった。しかし，停止信号（R）を見てもその手前で止まれない場合には，予告をするか，止まれる速度に事前にスピードを落としておくことが必要になり，**注意**（Y）信号が生まれた。更に高速化すると，同様に次の信号が（Y）であることを予告する**減速**（YG）信号も必要になった。この現示は上から順にYxxG［xは消灯］となる。このほかに，すぐ後で示す理由であと三つの現示，**警戒**（YY）［YxxY］，**抑速**（YGF）［YxxG/FFはYとGが点滅することを示す］，**高速進行**（GG）［GxxxG］が追加された。

　単線区間の単純な行き違い駅，つまり，単線が駅部で複線になり，その先で単線になる場合，場内信号機はY現示，出発信号機はR現示で両方から列車が進入するとする。通常は出発信号機の手前で停止するから何事もないが，万一止まりきれなかった場合には，**僅かの過走**が列車同士の**衝突**という重大な事故になってしまう。

これに対する方策は以下の三つである。

(1) 同時進入を認めず，最初に進入した列車が過走しなかったと考えられる時間が経過するまで他方の列車の進入を認めないように場内信号を停止のままにしておく。

(2) **警戒（YY）信号**という低速走行しか認めない信号を現示する。

(3) **安全側線**という過走した際に突っ込む側線を設置する。

(3) 以外は列車の所要時間を増加させる方策なので望ましくない。この議論は，複線区間の追越駅にも同様に適用される。なお，いずれの場合も，**過走余裕距離**が十分にある場合は適用されない。

抑速（YGF）信号は，京急がそれまでの最高速度 105km/h を 120km/h に向上する際に，閉塞区間を伸ばして高速化と引き替えに列車の時隔が伸びることを防ぐ目的で新設した現示で，減速信号の現示を**点滅**させるものである。**高速進行信号**(GG) は，上下の G の間隔を警戒信号や抑速信号・減速信号に比べて遠くからの確認のために消灯を一つ増やして 3 燈としている。この信号は従来の最高速度が適用される列車には適用されず，北越急行の高速列車と**成田スカイアクセス線**での京成の**スカイライナー限定**で現示されるが，北越急行では北陸新幹線の金沢延伸に際して特急はくたかと共にこの信号も廃止された。

在来方式の問題点

列車速度が向上すれば**ブレーキ距離**も長くなるから，停止までの閉塞区間長も長くしなければならない。一方で重要な線区には多数の列車を短い時隔で走らせる必要もあり，閉塞区間を細分した上で許容速度の段数も増さねばならず，**地上信号方式**では地上の仕組みも複雑化・高コスト化し，乗務員から見ても地上信号機の確認の負担が増す。**車内信号化**して，速度制御の自動化を進めることで乗務員の負担は軽減するが，軌道回路での列車検知方式では地上装置の複雑・高コスト化は避けられない。

信③：これからの運転制御方式の解説

統合型列車制御システム

かつては ATP は乗務員がミスをしたときなどのための補助手段だったが，現代では必須のシステムになっていて，複雑で無駄の多いシステムになってしまった。それなら，ATP と進歩している通信情報システムを組み合わせて，より高機能で廉価・確実な列車制御システムが構築できるとして，新しいシステムが導入されつつある。

無線通信と車上論理

列車位置を列車自身が把握する方法は今では衛星測位法などもあり，列車と**運行管理センター**(OCC) または列車間の通信手段も無線を使った安価な方法がたくさんある。更に，必要があれば普通は電波が届かないトンネル内にも中継する方法もある。無線通信の信頼性や妨害対策も進んでいるから，これらの汎用情報通信技術を鉄道に必要なレベルの信頼性・対妨害性を持たせても在来の信号システムよりも安く，高機能にすることが可能な時代になった。

つまり，列車自身が得た位置情報を関係箇所に伝え，運行管理者が定めた運転順序に従って，先行列車の位置，まだ安全が確認されていない踏切，自然災害多発地点などに設置されている落石等の障害検知，水位や風速などの情報に応じた危険箇所の手前までの進行を，曲線や分岐器などの速度制限の範囲内の速度で進行させる**車上論理型の速度制御**を用いて走らせればよいことになる。広

範囲に規制が掛けられるべき地震や強風に関しては，それぞれの性格に応じて直ちに停止，条件に応じた徐行等，予め列車や車両の特性に応じて設定してある条件で規制を掛ければよい。

上記のような，従来の信号機能と列車制御機能とを統合したシステムが導入されつつある。

饋電：電化方式・電力供給方式の解説

動力源

鉱山からの専用鉄道を含めると 200 年以上の歴史のある鉄道の動力は，人力や家畜の力，石炭を用いた蒸気機関や石油系燃料を用いた内燃動力など各種の動力源が用いられてきたが，今でも電化していない路線にはディーゼル機関を用いる**気動車**なども走っているが，本書では主に**電気のモーター**で駆動するもの［広義の**電気車**］に限定して述べる。いまでは米国の非電化の貨物鉄道も含めて，世界の鉄道輸送のほとんど全てがこの方式によっている。

車外から電力を**集電**しながら走行するのが基本であり，その電力は大別して**直流**と**交流**とがある［⇒**電気方式**］。

基本以外には，**車上で発電**する方式，**車上の蓄電装置**を用いる方式，集電も含めてこれらの二つ以上を何らかの方法で同時に使う**ハイブリッド方式**もあり，例えば集電・蓄電ハイブリッドなどと呼ばれる。

車上発電の典型的なものは，ディーゼル発電機によるものであるが，未来型の燃料電池［蓄電装置ではない］や，過去に海外で見られたガスタービン発電機もあった。蓄電装置には，古い時代には鉛蓄電池が，近年はリチウムイオン電池や電気二重層キャパシタがある。

電気方式

大別すると**交流**と**直流**とがある。交流は一般の電力供給に使われていて，変圧器によって効率よく好きな電圧に変換できる特徴があり，高い電圧を用いることで変電所の数を減らせる特徴がある。中でも一般の電力網と共通の周波数ではあるが，集電**［⇒集電方式］**上の制約から一般に使われる 3 相交流ではなく**単相交流**の 25kV が世界的な標準になっている。これに対して，16.7Hz，15kV という電鉄専用の特殊な**低周波交流**がスイス，ドイツ，オーストリア，スウェーデン，ノルウェーの 5 カ国で広く用いられている。

直流方式は，路面電車や地下鉄で広く発達した方式で，これから発展したものが，3kV，1.5kV，750V，600V など各種のものが多くの国で使われている。

日本では新幹線の全てと北海道，東北，九州の JR では交流が，その他のほとんど全てが直流 1.5kV の方式である。

饋電方式

饋（き）電とは，一般の電力網の送電と配電とを併せた鉄道用語で，普通の言葉で言えば電力供給のことである。電力会社などや JR 東日本の自家発電網から，電鉄の**変電所**が 3 相交流電力の供給を受けて，これを列車に供給する形態に変換して，電車線に饋電している。交流方式では基本的に変電所の分担区間を定めて，その区間だけに饋電する**単独饋電**に，直流方式では全ての変電所が電車線に接続される形態の**並列饋電**になっている。普段は並列になっている直流方式も含めて，饋電を区分する必要がある場合もある。このための場所が**饋電区分セクション**であり，単にセクションと呼ぶのが普通である。

直流は変圧器での電圧変換ができないから，比較的低い 1.5kV などで饋電するから，列車の電流は大きくなり，集電電流も饋電電流も大きいから饋電損失を減らすためにも並列饋電になっている。

直流変電所では 3 相交流を半導体整流器で 1.5kV の直流に変換するのだが，その特性上回生ブレーキ時に発生した直流電力を交流側に戻す機能はなく，ブレーキを掛けている列車の近くにいる別の列車が回生電流を吸収してくれないとブレーキ自体がかからない**回生失効**が発生する。このことは，列車の運転には困る特性だが，この特性のために並列饋電をしても A 変電所からの電力が隣接する B 変電所から再び電力会社に流れてしまう心配はない，という意味では都合の良い特性でもある。これは交流で並列饋電をしない理由でもある。

列車としては回生失効でブレーキが効かなくなることは許されないから，自動的に機械ブレーキなどを使ってブレーキ自体は動作するようにはしているが，本来電力が戻る筈のブレーキが戻らなくなるだけでなく，摩擦で熱を発生しブレーキシューをすり減らすコストがかかるブレーキになってしまう。このように，回生ブレーキが普通になったことによる饋電電圧や饋電回路抵抗などのパラメータの見直し，余剰回生電力の**蓄電装置**を利用した再利用などの見直しが必要になっている。

電車線とは列車の上空でパンタグラフと接触するトロリ線と電気抵抗を減らすための平行に張ったフィーダ，線路脇の第三レールと台車に取り付けた集電シューとが接触する地下鉄の一部などで使われている導体などのことである。

集電方式

直流でも単相交流でも電力を伝えるには 2 本の電線が必要である。鉄道の場合，その内の 1 本は走行用のレールと車輪とがその役を果たしている。従って，真の意味では集電装置は，パンタグラフと車輪，または集電シューと車輪である。パンタグラフはその摺り板を下からトロリー線に押し当てて集電をするが，摺り板の材質によって特性が変わる。カーボン摺り板は銅系合金のトロリー線との摩擦が少なく集電音もほぼ無音であるが，接触抵抗が大きい。金属系の摺り板では接触抵抗は減らせるが，潤滑に細心の注意をしないと電車線の摩耗が大きくなったり，集電騒音が問題になる。集電は高速時にも必要とする電流を連続してとれることが必要で，パンタグラフが電車線から離れてしまう離線は停電に繋がり，電気火花による断線事故に繋がりかねない。複数のパンタグラフを電気的に接続しておけば，一つでも離線していないものがあれば集電は継続できる。このことと，**並列饋電**か**単独饋電**かも関連があり，**在来線の交流区間**では複数のパンタグラフの並列接続は饋電の面で許されていない。大電流の集電が必要な日本の**新幹線**では加速中の停電を避ける目的で変電所の饋電境界には地上側での切替スイッチを設けて，実質的に連続集電が可能になるようにしているので，2 台のパンタグラフでの良好な集電が可能になっている。

高速集電は，パンタグラフの独擅場で，第三レール集電ではかつて英仏間のユーロスターが英国南部で使っていた 160km/h 程度が限界である。

その他

施設・線路

線路・分岐器・駅の配線などは列車の運行や輸送力，利便性に大きな影響を与える。高性能電車の技術開発を熱心に進めたのが線路の弱い私鉄だったのには以下のような理由がある。旧来の重くて線路を破壊しやすい車両でも走れ，貨物輸送もしていたから線路がしっかりしていて，輸送力を増やしたければ編成を長くすればよい国鉄とは違い，駅の前後に踏切があり，駅を長くすることも

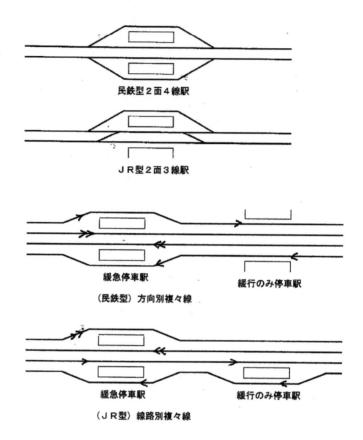

民鉄型２面４線駅

ＪＲ型２面３線駅

緩急停車駅　　　　　　　　　緩行のみ停車駅

（民鉄型）方向別複々線

緩急停車駅　　　　　　　　　緩行のみ停車駅

（ＪＲ型）線路別複々線

困難で，車庫を増強する土地もなかった私鉄では，車両をあまり増やさずに輸送力が増せる手法として高性能化・高速化を進めた。その一方で，急行運転のための待避駅は**２面４線**で乗換を便利に，端末駅は線路の両側にプラットホームを配置して短時間での乗降をスムースにしていた。国鉄は，今では**JR式配線**とも呼ばれる**２面３線**式が多く，快速運転をしても便利な乗換ができない例が多い。大幅な輸送力増強になる複々線化に際しては，国鉄は工事を簡単にするために使い勝手の悪い**線路別複々線**を，民鉄は緩急乗換が便利な**方向別複々線**を採用した。

▌軌間

　左右のレールの内側の間隔を軌間といい，鉄道発祥地英国の今の軌間である**1435mm**が世界的に多く，これを**標準軌**と呼ぶ。日本には古くからの電気鉄道である京急，阪神などと新幹線の標準軌の他に**1067mm**の狭軌が多い。世界的には**広軌**として**1668mm**のスペイン・ポルトガルのイベリアゲージとこれに近いインド等，旧ソ連の1524（1520）mmなど各種が，狭軌には日本

のとほぼ同じの南アフリカやニュージーランドの他，1000mm［メーターゲージ］も各地にある。

曲線走行

　曲線部を走行すると遠心力により外側に振られる力が働き，乗り心地が悪化し，場合によっては外側に転覆する。これを防ぐために，外側のレールを内側よりも高くし，これを**カント**という。高速化を狙って過大なカントを付ければそこで停止した場合に床が傾くから乗り心地が悪下し，場合によっては内側に転倒する。このため，カントの最大値は 1067mm 軌間では 110mm 程度，1435mm 軌間では 180mm 程度に制限する。傾きと遠心力とでバランスして，これらが感じられない速度を**カント設定速度**と言うが，上記の制限のため高速走行する場合はカント不足が感じられ，現実的な最高速度は，カント不足量が許容範囲に収まる速度になる。振子車両や車体傾斜車両はカント不足を補う手段である。直線と曲線，半径の異なる曲線は直接接続することはできず，カントが距離的にも時間的にも少しずつ変化するようにしなければならず，この部分を**緩和曲線**という。低速走行の時代に造られた線路はカントが小さく，緩和曲線も短いので，これを高速走行向きに造り替えるのはかなり困難である。つまり，カントを単純に大きくしようとすればカントの変化率が過大になるから，これを実現するには緩和曲線を大幅に長くする必要があり，これに伴って線路の位置が変わるから，用地を新たに確保しなければならないからである。

組織

鉄道の分類と組織

　日本の鉄道は法的に新幹線や大手民鉄のほとんど，JR の在来線のような**鉄道**と，路面電車が主体の**軌道**とに分類されている。大阪市営地下鉄だった大阪メトロが高速電気軌道という聞き慣れない会社名を名乗るのは，軌道法による鉄道会社のままで居たいという意思表示でもある。黒部のトロリバスや各地のロープウェイなども**鉄道**の仲間である。

　もともと国が建設して経営してきた**官鉄**が，公社組織の**国鉄**になり，1987 年の民営化で **JR** になったが，もともと私企業だった**私鉄**で労使交渉や技術開発をしてきた**私鉄経営者協会**が 1967 年に**日本民営鉄道協会**に模様替えされたのを機会に**民鉄**と呼ばれるようになった。民営化されても JR はこれには加わらず独自の道，つまり自らを民鉄ではないという立場で歩んでいる。国際的には大変わかりにくく，**Japan Rail Pass** は Japan の Rail Pass ではなく JR の Pass なのである。

　元国鉄の地方交通線などが廃止されるに際して，地元の自治体等が存続させるために第三セクターを組織して営業を継続した鉄道を（国鉄系）第三セクター鉄道，略して三セクと呼ぶ。これには国鉄線として建設していて，国鉄線としての歴史を持たないものもある。なお，数は少ないが，民鉄系第三セクター鉄道も野岩鉄道，北総鉄道などの例がある。

　鉄道事業者には線路等を保有し，自ら列車を運行する**第一種鉄道事業者**の他に，他者の線路等を使用して運送事業を行う**第二種鉄道事業者**，専ら第二種鉄道事業に線路等を使用させる第三種鉄道事業者がある。

　新幹線は国鉄・JR だけが持っている**高速鉄道**であるが，主な区間の最高速度は **260km/h 以上**であり，新幹線以外の鉄道［JR では在来線と呼ぶ］のほとんどは最高速度が **130km/h 以下の低速鉄道**である。日本にはその中間の**中速鉄道**が今では京成のスカイライナーが走る僅か 10km しかなく，実質的に存在しない国は鉄道先進国では日本だけである。

かつて新幹線の建設費を削減する目的で**ミニ新幹線**や**スーパー特急**という部分的に中速鉄道にする提案もあったが，地元はそれを望まず，すべて**フル規格**になった。その一方で新幹線建設計画のない幹線，例えば常磐線などをレベルアップして中速鉄道化する動きは日本にはないし，つくばエクスプレスのような高規格の鉄道さえもが低速鉄道に甘んじている。

▌鉄道の技術系協会

かつての国鉄には大学や民間企業の知恵を借りて技術開発を進める目的で多くの**協会**があった。例えば電気局には電化課・電力課，信号課，通信課に対応した**鉄道電化協会**，**信号保安協会**，**鉄道通信協会**があったが，今では統合して**日本鉄道電気技術協会**になっている。

狭い分野だけに関連する技術開発なら国鉄独自で進めることができたので，複数の部局，例えば車両と電気，運転と信号などに跨る技術開発を進めるに当たっては，協会の元締め的な機能も持っていた**日本鉄道技術協会（JREA）**が自ら開発推進組織になったり協会間の調整もしていた。例えば全くの新技術であるリニアモーター駆動の地下鉄等の開発には鉄道技術協会が自ら組織した後**日本地下鉄協会**等との連携もした。このような流れの中で，国鉄改革に向けた3章に登場する**鉄道技術体系の総合調査委員会**もJREAが自ら対応した。なお，民営鉄道には**日本民営鉄道協会**がある。

技術開発の議論の場とは別に実践の場は当然必要であり，国鉄は新幹線の提案者にもなった**鉄道技術研究所**を持っていた。民営化の直前には，**鉄道総合技術研究所**を発足させ，新生JRからの運営資金拠出のルール化や民鉄との関連も付けた。

▌大学等との関係

国鉄自身の社内教育機関であった**中央鉄道学園**の廃止に伴い，大学との関係も強化された。鉄道関連の技術研究を進めてきた国公私学への研究委託に加えて，研究費のほか人件費も提供し，テーマの詳細や人事には口出しをしない条件での年限を定めた**寄附講座**の提供も進んだ。私学で鉄道技術に注力しているのは，日本大学と並んで工学院大学が知られているが，ここでは地の利を活かした社会人教育としての**鉄道講座**が人気を博していたが，コロナ禍で中断している。

▌外部の組織の例

鉄道ファンの集まりである**鉄道友の会**，鉄道関連の**博物館**のような組織，時刻表の出版とか旅行の推進団体等にもそれなりの関わりを持っていたのは当然だろう。これらには，程度の違いはあっても，国鉄・JRも私鉄・民鉄も参加してきた。

▌海外では

技術に限定しない**国際鉄道連合（UIC）**がフランスにあり，日本の国鉄・JRも有力メンバーである。英語圏の強みを生かして，英国の**バーミンガム大学**は，ヨーロッパの大学での鉄道研究のセンター的役割も果たしており，EU共同の研究所や試験線もオーストリアやチェコなどにある。中国の高速鉄道が急速に発展した陰には**西南交通大学**，**北京交通大学**に代表される鉄道との関連が非常に強い大学の存在も大きい。

索　引

人名索引

著者略歴

曽根 悟（そね さとる）

1939 年　東京都に生まれる。
1967 年　東京大学大学院工学系研究科博士課程（電気工学）修了 工学博士
1984 年　東京大学教授（工学部電気工学科）
2000 年　東京大学名誉教授　工学院大学教授（工学部電気工学科）
1999 年〜2021 年　工学院大学客員教授・教授・非常勤特任教授

（受賞歴の一部 鉄道関係）
1979 年　JREA 賞論文賞「列車ダイヤと車両とを総合的に考慮した東海道新幹
　　　　　線の輸送改善策」（JREA 誌 21 巻 1 号所載）
1981 年　市村賞学術の部 功績賞「軽快電車の電気システムの開発」
1988 年　交通図書賞（技術の部）「新しい鉄道システム―交通問題解決への新
　　　　　技術―」（オーム社 1987 年）
2018 年　瑞宝中綬章 受章

（主な学外活動）
1988 年〜2001 年　運輸省運輸政策審議会特別委員・専門委員
1990 年〜2001 年　運輸省運輸技術審議会特別委員

（鉄道会社）
1989 年〜1997 年　鉄道安全研究推進委員会委員（JR 東日本）
2005 年〜2013 年　西日本旅客鉄道（株）社外取締役

鉄道技術との 60 年
―民鉄技術の活用と世界への貢献―

定価はカバーに
表示してあります。

2023 年 7 月 28 日　初版発行

著者　　曽根　悟
発行者　小川啓人
印刷　　株式会社木元省美堂
製本　　東京美術紙工協業組合

発行所　**株式会社成山堂書店**
〒 160-0012　東京都新宿区南元町 4 番 51　成山堂ビル
TEL：03（3357）5861　FAX：03（3357）5867
URL：https://www.seizando.co.jp

落丁・乱丁本はお取り換えいたしますので、小社営業チーム宛にお送りください。

列車ダイヤのはなし
富井規雄［著］

「電車を見て時計を合わせることも可能」ともいえるほど、世界一の定時性を誇る日本の鉄道。この正確さはどのようにして実現されているのかについて、列車ダイヤの成り立ち、作り方、働く人々について長年運転システムの構築に携わってきた立場から詳細に解説。

A5判／316頁／定価 3,850 円

交通ブックス 121
日本の内燃動車
湯口 徹［著］

1920 年の内燃動車の登場以来、90 年余の歴史を通して国鉄（JR）・私鉄を問わず、すべての内燃動車を取り上げて、多くの写真を添えて解説。

四六判／200p ／定価 1,980 円

交通ブックス 123
IC カードと自動改札
椎橋章夫［著］

自動改札機の種類と構造、自動券売機、多機能化を続ける IC カードの乗車券について、第一人者たる開発メーカーの社長自らが解説。

四六判／192p ／定価 1,980 円

交通ブックス 124
電気機関車とディーゼル機関車【改訂版】
石田周二・笠井健次郎［著］

実際に車両開発に携わった著者が、門外不出の貴重な資料と関係者による詳細な情報をもとに、各国の開発の歴史と技術の潮流について解説。

四六判／292p ／定価 1,980 円

交通ブックス 126
海外鉄道プロジェクト
技術輸出の現状と課題
佐藤芳彦［著］

日本の鉄道インフラ、車輌がいかに海外に評価され、そして活躍しているか！ 高度な技術とそれを実現するための複雑な契約、諸手続きまでを紹介。

四六判／286p ／定価 1,980 円

交通ブックス 127
路面電車
運賃収受が成功のカギとなる !?
柚原 誠［著］

路面電車の運賃収受を JR・私鉄で実施されている「セルフサービス方式」を採り入れることで採算がとれるようになることを提案した書。

四六判／236p ／定価 1,980 円

成山堂書店の鉄道図書
※定価はすべて税込です。